Fundamentos químicos de la ingeniería: prácticas de laboratorio

Fundamentos químicos de la ingeniería: prácticas de laboratorio

Junkal Gutierrez
Gorka Gallastegui

Fundamentos químicos de la ingeniería: prácticas de laboratorio

Primera edición: 2024

ISBN: 9788419786234
ISBN eBook: 9788419786623
Depósito legal: SE 1671-2024

Índice

Funcionamiento del laboratorio

1. Seguridad en el laboratorio

El laboratorio es el escenario de experimentación de la química, el lugar donde se van a realizar las experiencias que nos van a permitir el aprendizaje de operaciones básicas (filtraciones, separaciones, preparación de disoluciones, destilaciones, etc.), así como de algunas técnicas elementales del análisis cualitativo y cuantitativo. En definitiva, el laboratorio es el lugar donde vamos a aprender el "modo de hacer" en química.

Será muy importante adquirir unos buenos hábitos de trabajo en el laboratorio de manera que se utilicen como pauta para el desarrollo de posteriores experiencias más complejas. Por todo ello, antes de comenzar la experimentación, hay que conocer las normas de seguridad y las precauciones que conviene tomar para evitar posibles accidentes y riesgos innecesarios.

Antes de comenzar a trabajar en el laboratorio se deben realizar 3 acciones:

1. No se deben dejar objetos personales (mochilas, abrigos, etc.) en las mesas de trabajo u obstaculizando las zonas de paso.
2. La ropa de abrigo se deberá colocar en la zona de colgadores.
3. Los Equipos de Protección Individual (EPIs) (bata y gafas de seguridad) son obligatorios.

El orden y la limpieza son normas fundamentales en el laboratorio, así como moverse sin precipitación y pensando en el trabajo que se está realizando, por el propio bien y el de los compañeros. Antes de comenzar a trabajar en el laboratorio existen una serie de medidas de seguridad que se deben conocer, así como una serie de protocolos de actuación en caso de emergencia.

1.1. Medidas de seguridad

A continuación se lista una serie de medidas de seguridad y advertencias que siempre deben tenerse presentes.

Información de evacuación
- Hay que familiarizarse con los elementos de seguridad disponibles y localizar las salidas principales de emergencia. La ruta de evacuación siempre está indicada mediante un póster ubicado en un lugar visible del laboratorio.
- Además, se debe conocer la localización exacta de elementos de seguridad como extintores, manta ignífuga, duchas de seguridad y lavaojos.

Protección: vestimenta
- El uso de la bata es obligatorio y no debe ser empleada fuera del laboratorio.
- Se deben utilizar los Equipos de Protección Individual (EPIs): gafas protectoras (no llevar lentes de contacto) y guantes desechables.
- Se debe llevar zapato cerrado.
- El pelo largo debe estar siempre recogido.
- Evitar el uso de anillos, pulseras, etc.

Normas higiénicas
- No comer ni beber en el laboratorio.
- No inhalar, probar u oler los productos químicos en ningún caso.

Orden, limpieza y buen funcionamiento
- El puesto de trabajo debe mantenerse limpio y ordenado, sin ningún objeto que pueda entorpecer la zona de trabajo.
- Es preciso hacer uso del sentido común en el laboratorio. No se tienen que gastar bromas, correr, jugar, empujar o gritar.
- Solo se deben realizar experimentos autorizados y bajo ningún concepto se debe dejar un experimento en marcha sin supervisión.
- Los productos químicos derramados se deben recoger y eliminar siguiendo los protocolos establecidos.

- Una vez usados, se deben devolver los recipientes de reactivos al sitio que les corresponde.
- No se deben desperdiciar los reactivos ni el agua desionizada.

Calentamiento de líquidos

- Se debe comprobar que el mechero esté apagado cuando no se usa.
- Se debe dirigir la abertura del recipiente que se esté calentando en dirección contraria a uno mismo y a las demás personas cercanas.
- Se debe tener cuidado de no tocar vidrio caliente.
- Se deben usar los EPIs específicos (guantes de protección al calor).

Precauciones específicas

- Se debe evitar mirar por la boca de un tubo de ensayo o de un matraz cuando se está realizando una reacción en su interior.
- Siempre que se lleven a cabo reacciones químicas que desprendan gases, se debe trabajar en la vitrina.

Manipulación de productos químicos

- Se debe consultar previamente la información en materia de prevención (las fichas de datos de seguridad y la información de la etiqueta de los productos, etc.).
- Todos los productos se deben manipular con cuidado.
- Se deben verter siempre los ácidos sobre el agua y no al revés.
- El mayor peligro es el fuego. Siempre que sea posible evitar la presencia de llamas abiertas en el laboratorio y se recomienda emplear baños termostáticos, y mantas o placas calefactoras como sustitutivos.
- Evitar el contacto de productos químicos con la piel.

Utilización de equipos de laboratorio

- No se deben utilizar sin conocer perfectamente su funcionamiento. En caso de duda, se debe preguntar previamente al profesorado.
- Los aparatos utilizados deben dejarse limpios y en perfecto estado de uso.
- Se debe comprobar en todo momento el mantenimiento de los mismos siguiendo las instrucciones del equipo.

1.2. Emergencias y primeros auxilios

Es necesario conocer el modo de actuación en caso de accidente. A continuación se especifica el protocolo de primeros auxilios para diferentes situaciones de emergencia.

Fuego en el laboratorio
Evacuar el laboratorio, por la salida principal o por la salida de emergencia, avisando a todas las personas presentes y conservando la calma, siguiendo las indicaciones recogidas en el Plan de Emergencia.

- **Fuegos pequeños:** Si está localizado, se apaga utilizando un extintor, arena, o cubriendo el fuego con un recipiente que lo ahogue. No se debe utilizar agua para extinguir un fuego provocado por la inflamación de un disolvente o de origen eléctrico.
- **Fuegos grandes:** Se debe aislar el fuego y utilizar los extintores. Si no se puede controlar rápidamente, se dará aviso al servicio de extinción de incendios y se procederá a evacuar el edificio.
- **Fuego en el cuerpo:** Si una prenda de vestir comienza a quemarse hay que detenerse, tirarse al suelo y rodar sobre sí mismo además de gritar inmediatamente para pedir ayuda. Nunca debe utilizarse un extintor sobre una persona, lo más conveniente es emplear una manta ignífuga. No se debe retirar la ropa adherida a la piel de la víctima.

Quemaduras
Las pequeñas quemaduras se tratan lavando la zona afectada con agua fría durante 15 min. Las quemaduras más graves requieren atención médica inmediata. No se debe utilizar cremas y pomadas grasas en las quemaduras graves.

Cortes
Si son pequeños y dejan de sangrar en poco tiempo se deben lavar bien, con abundante agua corriente, durante 10 min como mínimo y cubrirlos con un apósito. Si son grandes y no paran de sangrar, precisan atención médica inmediata y habrá que seguir el protocolo de actuación en caso de accidente establecido por el Centro.

Productos químicos sobre la piel

Debe lavarse la zona afectada inmediatamente con agua abundante, como mínimo durante 15 min. Las duchas de seguridad serán utilizadas cuando la zona afectada sea grande y no resulte suficiente el lavado en una fregadera. La rapidez en el lavado es muy importante para reducir la gravedad y la extensión de la zona afectada.

Proyecciones en los ojos

Deben lavarse los ojos durante 15 min en un lavaojos. Es necesario mantener los ojos abiertos con la ayuda de los dedos para facilitar el lavado debajo de los párpados. Tras este tipo de accidentes siempre se debe solicitar asistencia médica.

Inhalación de productos químicos

Traslado inmediato de la persona afectada a un sitio aireado y reclamar asistencia médica lo antes posible. Al primer síntoma de dificultad respiratoria, se debe aplicar respiración artificial boca a boca.

2. Gestión de residuos

Durante las prácticas de laboratorio se generan una serie de residuos químicos peligrosos (RP) que es obligatorio gestionar correctamente. Cada centro realiza la clasificación de los mismos siguiendo las indicaciones del gestor de residuos peligrosos de origen químico autorizado encargado de la recogida de los mismos. Lo más común es que lo residuos peligrosos se recojan en bidones (residuos en estado sólido) o garrafas (residuos en estado líquido). Los RP generados durante las prácticas deben ser correctamente identificados para poder verterlos en su envase correspondiente debidamente etiquetado (**Figura 1**).

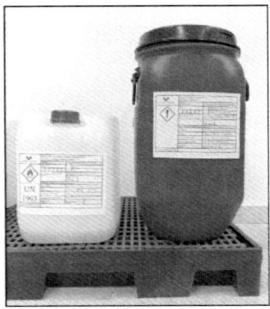

Figura 1. Ejemplo de una garrafa (izda.) y de un bidón (dcha.) de residuos peligrosos con su correspondiente etiqueta que recoge la información necesaria para garantizar su correcta gestión.

Así pues, los residuos generados en el laboratorio se recogen de manera selectiva según su naturaleza, existiendo un contenedor específico para el material de vidrio roto, para los residuos sólidos o envases vacíos, así como diferentes garrafas para cada residuo líquido (ácidos, bases, disolvente no halogenado, metales pesados, etc.).

2.1. Clasificación genérica de residuos peligrosos químicos

La clasificación más genérica de los residuos peligrosos de origen químico es la que proporciona la *Nota Técnica de Prevención-NTP 480*, relativa a la gestión de los residuos peligrosos en los laboratorios universitarios y de investigación. Prácticamente todos los centros productores de residuos basan la clasificación de sus residuos en esta nota técnica de prevención. A continuación, en la **Tabla 1** se detalla la clasificación de los residuos peligrosos recogida en la normativa sin olvidar que dicha clasificación general, tal y como se ha mencionado anteriormente, refleja los requerimientos mínimos y que puede ser particularizada por el gestor de residuos peligrosos de origen químico autorizado contratado por el centro. Siguiendo la normativa, los residuos de origen químico se clasifican en 7 grupos principales: Disolventes halogenados, Disolventes no halogenados, Disoluciones acuosas, Ácidos, Aceites, Sólidos y Especiales.

Tabla 1. Grupos de clasificación de residuos peligrosos de origen químico acorde a la NTP-480.

Grupo	Especificaciones	Subgrupos y ejemplos
I. Disolventes halogenados	Productos líquidos orgánicos que contienen más del 2 % de algún halógeno. Se trata de productos muy tóxicos e irritantes y, en algún caso, cancerígenos. Se incluyen en este grupo también las mezclas de disolventes halogenados y no halogenados, siempre que el contenido en halógenos de la mezcla sea superior al 2 %.	Ejemplos: cloruro de metileno, bromoformo, etc.
II. Disolventes no halogenados	Se clasifican aquí los líquidos orgánicos inflamables que contengan menos de un 2 % en halógenos. Son productos inflamables y tóxicos.	Ejemplos: alcoholes, aldehídos, amidas, cetonas, ésteres, glicoles, hidrocarburos alifáticos, hidrocarburos aromáticos y nitrilos.
III. Disoluciones acuosas	Soluciones acuosas de productos orgánicos e inorgánicos. Se subdividen en otras 2 categorías: o Soluciones acuosas inorgánicas: 5 subgrupos o Soluciones acuosas orgánicas o de alta DQO: 2 subgrupos	• Soluciones acuosas básicas: hidróxido sódico, hidróxido potásico. • Soluciones acuosas de metales pesados: Ni, Ag, Cd, Se, fijadores. • Soluciones acuosas de Cr(VI). • Otras soluciones acuosas inorgánicas: reveladores, sulfatos, fosfatos, cloruros. • Soluciones acuosas de colorantes. • Soluciones de fijadores orgánicos: formol, fenol, glutaraldehído. • Mezclas agua/disolvente: eluyentes de cromatografía, metanol/agua.
IV. Ácidos	Ácidos inorgánicos y sus soluciones acuosas concentradas (más del 10 % en volumen). Debe tenerse en cuenta que su mezcla, en función de la composición y la concentración, puede producir alguna reacción química peligrosa con desprendimiento de gases tóxicos e incremento de temperatura.	-
V. Aceites	Aceites minerales derivados de operaciones de mantenimiento.	Ejemplos: Aceite de bombas, baños calefactores, etc.
VI. Sólidos	Se clasifican en este grupo los productos químicos en estado sólido de naturaleza orgánica e inorgánica y el material desechable contaminado con productos químicos. No pertenecen a este grupo los reactivos puros obsoletos en estado sólido (grupo VII). Se establecen 3 subgrupos de clasificación dentro del grupo de Sólidos.	• Sólidos orgánicos: productos químicos de naturaleza orgánica o contaminados con productos químicos orgánicos (carbón activo o gel de sílice impregnados con disolventes orgánicos). • Sólidos inorgánicos: productos químicos de naturaleza inorgánica (sales de metales pesados, etc.). • Material desechable contaminado: material contaminado con productos químicos. Además, se pueden establecer subgrupos de clasificación, por la naturaleza del material y la naturaleza del contaminante y teniendo en cuenta los requisitos marcados por el gestor autorizado.
VII. Especiales	Productos químicos, sólidos o líquidos, que, por su elevada peligrosidad, no deben ser incluidos en ninguno de los otros grupos, así como los reactivos puros obsoletos o caducados. Estos productos no deben mezclarse entre sí ni con residuos de los otros grupos.	• Comburentes (peróxidos). • Compuestos pirofóricos (magnesio metálico en polvo). • Compuestos muy reactivos (ácidos fumantes, cloruros de ácido (cloruro de acetilo), metales alcalinos (sodio, potasio), hidruros (borohidruro sódico, hidruro de litio), compuestos con halógenos activos (bromuro de benzilo), compuestos polimerizables (isocianatos, epóxidos), compuestos peroxidables (éteres), restos de reacción, productos no etiquetados). Compuestos muy tóxicos (tetraóxido de osmio, mezcla crómica, cianuros, sulfuros, etc.). • Compuestos no identificados.

2.2. Etiquetado de residuos peligrosos de origen químico

El etiquetado de los residuos peligrosos de origen químico se hace de acuerdo al *Reglamento (CE) nº 1272/2008* sobre clasificación, etiquetado y envasado de sustancias y mezclas que entró en vigor el 20 de enero de 2009, motivado por la necesidad de incorporar a la legislación comunitaria los criterios del *Sistema Globalmente Armonizado* (SGA) (*Globally Harmonized System*, GHS) de las Naciones Unidas sobre clasificación, etiquetado y envasado de sustancias y mezclas químicas y avanzar así hacia una armonización a nivel internacional. Este Reglamento se denomina comúnmente CLP, acrónimo de clasificación, etiquetado y envasado de sus siglas en inglés (*Classification, Labelling and Packaging*). Uno de los principales objetivos del Reglamento CLP es facilitar la caracterización de la peligrosidad de una sustancia o mezcla en base a sus propiedades. Una vez identificadas dichas propiedades y clasificada la sustancia o mezcla de sustancias, deben comunicarse los peligros identificados a través del etiquetado.

"Todo envase de residuos peligrosos debe estar correctamente etiquetado e identificado."

Que un residuo peligroso esté correctamente etiquetado significa que en el envase se indica el contenido del mismo y que se identifica el productor y el gestor del RP. Concretamente, de acuerdo al artículo 14 del Reglamento CLP, en la etiqueta debe figurar la siguiente información relativa al contenido y al productor y al gestor:

- La denominación y el código de identificación de los residuos que contiene, según el sistema de identificación (características HP) que se describe en el *Reglamento 1357/2014*, de 18 de diciembre, sobre los residuos y el Código LER del residuo (*Decisión de la Comisión de 18 de diciembre de 2014*) con su correspondiente descripción.
- La naturaleza de los riesgos que presentan los residuos: pictogramas de peligro y cualquier otra observación que facilite las tareas de manipulación, almacenamiento y transporte.
- Fecha de inicio y final de llenado del envase.
- Nombre, dirección y teléfono del Centro/Departamento productor de los residuos.
- Datos de la empresa gestora de los residuos.

En la **Figura 2** se muestra un ejemplo de etiqueta de residuos peligros, concretamente la correspondiente a disoluciones inorgánicas ácidas.

Figura 2. Etiqueta destinada a disoluciones inorgánicas ácidas.

A continuación, se explica el contenido de la etiqueta de residuo peligroso:
- La denominación del residuo. En este caso se ha clasificado como disoluciones inorgánicas ácidas.
- El código LER (6 dígitos) y la descripción del residuo. En este caso, 06 Residuos de procesos químicos inorgánicos, 01 Residuos de la fabricación y 06 Otros ácidos.
- La característica de peligrosidad mediante el código HP, que puede ir de HP1 a HP15. En este caso, el HP8 hace referencia a Corrosivo (correspondiente a los residuos que, cuando se aplican, pueden provocar corrosión cutánea).
- Las indicaciones de peligro mediante un código alfanumérico único que consta de la letra H (indicación de peligro) y tres números. En este caso, el H314 indica que provoca quemaduras graves en la piel y lesiones oculares graves.
- La fecha de inicio de almacenamiento, correspondiente a la fecha en la que se realiza el primer vertido de residuos en ese recipiente. A partir de esta fecha, según la normativa vigente, se dispone de un máximo de 6 meses hasta la retirada por parte de la empresa gestora.
- El pictograma de peligrosidad. En este caso se trata de un residuo corrosivo (*ver 2.3. Pictogramas de peligrosidad*).

- El número ONU, que identifica el residuo en función de la normativa ADR de transporte de mercancías peligrosos por carretera. En este caso UN 1373.
- Por otro lado, en la parte media e inferior de la etiqueta constan los datos de identificación del centro productor, en los que se incluye: información referente del centro productor: departamento, número de identificación medio ambiental (NIMA) y dirección postal, información referente de la persona gestora de los residuos peligrosos del centro productor: teléfono y correo electrónico.
- La información sobre la empresa gestora del residuo con su correspondiente número de autorización de gestor de RP.
- Finalmente, en la parte inferior, hay un apartado destinado a observaciones, en el que se debe aportar cualquier otra información que ayude y facilite las tareas de acondicionamiento o manipulación, almacenamiento y transporte.

2.3. Pictogramas de peligrosidad

Es necesario conocer e identificar los *pictogramas de peligrosidad* presentes en las etiquetas de los disolventes, los reactivos químicos y los envases de residuos peligrosos de origen químico. Un pictograma de peligro es una imagen adosada a una etiqueta que incluye un símbolo de advertencia y colores específicos con el fin de transmitir información sobre el daño que una determinada sustancia o mezcla puede provocar a la salud o al medio ambiente. Tienen forma de diamante rojo con fondo blanco acorde con al Sistema Globalmente Armonizado (SGA, GHS en inglés) de clasificación y etiquetado de Productos Químicos de las Naciones Unidas.

Existen un total de 9 pictogramas (GHS01 hasta GHS09) que se describen a continuación.

Pictograma	**Explosivo (GHS01)**
Símbolo	Bomba explotando
¿Qué significa?	Explosivo inestable. Explosivo, peligro de explosión en masa. Explosivo, grave peligro de proyección. Explosivo, peligro de incendio, de onda expansiva o de proyección. Peligro de explosión en masa en caso de incendio.

Pictograma	**Inflamable (GHS02)**
Símbolo	Llama
¿Qué significa?	Gas extremadamente inflamable. Gas inflamable. Aerosol extremadamente inflamable. Aerosol inflamable. Líquido y vapores muy inflamables. Líquido y vapores inflamables. Sólidos inflamables.

Pictograma	**Comburente (GHS03)**
Símbolo	Llama sobre un círculo
¿Qué significa?	Puede provocar o agravar un incendio; comburente. Puede provocar un incendio o una explosión; muy comburente.

Pictograma	**Gas a presión (GHS04)**
Símbolo	Bombona de gas
¿Qué significa?	Contiene gas a presión; peligro de explosión en caso de calentamiento. Contiene gas refrigerado; puede provocar quemaduras o lesiones criogénicas.

Pictograma	**Corrosivo (GHS05)**
Símbolo	Corrosión
¿Qué significa?	Puede ser corrosivo para los metales. Provoca quemaduras graves en la piel y lesiones oculares graves.

Pictograma	Tóxico (GHS06)
Símbolo	Calavera y tibias cruzadas
¿Qué significa?	Mortal en caso de ingestión. Mortal en contacto con la piel. Mortal en caso de inhalación. Tóxico en caso de ingestión. Tóxico en contacto con la piel. Tóxico por inhalación.

Pictograma	Nocivo, Irritante (GHS07)
Símbolo	Signo de exclamación
¿Qué significa?	Puede irritar las vías respiratorias. Puede provocar somnolencia o vértigo. Puede provocar una reacción alérgica en la piel. Provoca irritación ocular grave. Provoca irritación cutánea. Nocivo en caso de ingestión. Nocivo en contacto con la piel. Nocivo en caso de inhalación. Nociva para la salud pública y el medio ambiente por destruir el ozono estratosférico.

Pictograma	Cancerígeno, Mutágeno (GHS08)
Símbolo	Peligro para la salud
¿Qué significa?	Puede ser mortal en caso de ingestión y penetración en las vías respiratorias. Perjudica a determinados órganos. Puede perjudicar a determinados órganos. Puede perjudicar la fertilidad o al feto. Se sospecha que daña la fertilidad o al feto. Puede provocar cáncer. Se sospecha que provoca cáncer. Puede provocar defectos genéticos. Se sospecha que provoca defectos genéticos. Puede provocar síntomas de alergia o asma o dificultades respiratorias en caso de inhalación.

Pictograma	**Peligro para el medio ambiente (GHS09)**
Símbolo	Medio ambiente
¿Qué significa?	Muy tóxico para los organismos acuáticos, con efectos nocivos duraderos. Tóxico para los organismos acuáticos, con efectos nocivos duraderos.

2.4. Envasado de residuos peligrosos

- Es obligatorio etiquetar los envases antes del inicio de llenado con la etiqueta de uso y del ADR correspondiente, completando todos los campos de la etiqueta e indicando la fecha del primer envasado.
- No sobrepasar el límite indicado en los envases en el llenado de las garrafas para residuos líquidos. Este límite, que está señalizado con una raya horizontal, indica la capacidad útil de seguridad que es aprox. el 80 % de la capacidad total del envase.
- Mantener los envases cerrados. En los laboratorios, los envases sólo permanecerán abiertos el tiempo imprescindible para depositar el residuo correspondiente.

2.5. Precauciones específicas

- En caso de que se produjera un derrame en el laboratorio, se debe emplear el neutralizador indicado (absorbente específico) para el tipo de sustancia derramada.
- En caso de que se produjera un pequeño derrame en el laboratorio y se limpiase con papel absorbente, éste debe ser considerado como residuo y tratarse como tal.
- Los sobrantes de los diferentes reactivos utilizados deben ser desechados y tratados como residuos y gestionados acorde a su naturaleza.

Material de laboratorio

Vaso de precipitados	Probeta	Matraz aforado	Matraz de Erlenmeyer
	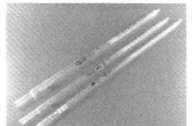		
Pipeta	Pipeta graduada	Pera succionadora/ Aspirador manual	Matraz Kitasato
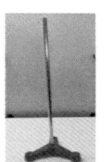		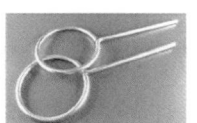	
Soporte	Nuez doble	Aro	Pinza tres dedos

Pinza para tubos de ensayo	Pinzas de laboratorio	Espátula/Cucharilla	Varilla de vidrio

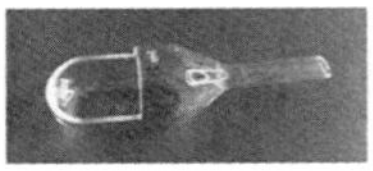 Pesasustancias	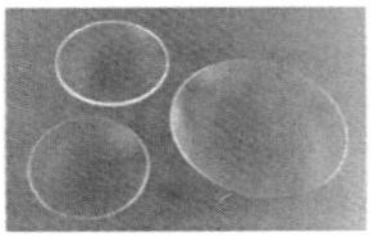 Vidrio de reloj	 Placa de Petri	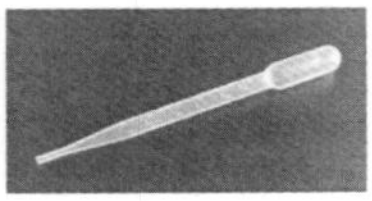 Pipeta de Pasteur

 Tubo Falcon®	 Embudo de decantación	 Embudo	 Embudo Büchner

 Crisol de porcelana	 Rejilla	 Mechero Bunsen	 Desecador

Frasco lavador	Aro estabilizador para matraces	Imán + Varilla recoge imanes	Termómetro

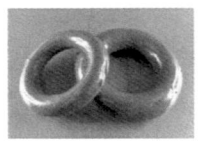
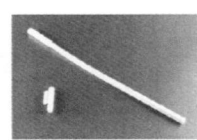
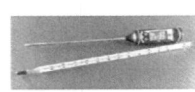

Equipos de laboratorio

			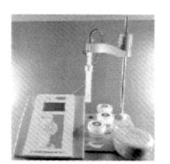
Placa calefactora/agitadora	Baño termostático	Balanza analítica	pH-metro

1 Operaciones comunes en el laboratorio de química

1. Objetivos

En esta práctica se aprende a realizar algunas de las operaciones básicas típicas de un laboratorio de química.

- Medida de volúmenes (para estudiar la precisión y exactitud del instrumental empleado mediante un tratamiento estadístico de los resultados obtenidos).
- Calentamiento (para determinar la fórmula química de compuestos inorgánicos hidratados).

2. Conocimientos previos

Las sales hidratadas o hidratos son compuestos formados por una sal y agua en proporciones definidas. La fórmula para especificar la composición de un compuesto hidratado se representa con un punto (p. ej., $FeCl_3·6H_2O$), sin indicar cómo está unida el agua, ya que puede encontrarse enlazada al ion metálico (p. ej., $CuSO_4·5H_2O$) u ocupando posiciones de la red cristalina que no estén específicamente asociadas con un catión o un anión (p. ej., $BaCl_2·2H_2O$). Cuando un hidrato se calienta, el agua de hidratación se elimina en forma de vapor.

3. Descripción del material y reactivos

3.1. Medida de volúmenes líquidos

- 4 Vasos de precipitados (100 mL)
- 1 Pera succionadora o aspirador manual para pipetas
- 1 Probeta (100 mL)
- 1 Pipeta graduada (10 mL)
- 1 Frasco lavador

► Agua desionizada (ρ (25 °C) = 0.9973 g/mL)

3.2. Calentamiento

- 1 Mechero Bunsen
- 1 Soporte
- 1 Nuez doble
- 1 Aro metálico
- 1 Rejilla
- 1 Crisol de porcelana
- 1 Vidrio de reloj
- 1 Espátula

► 1 Compuesto inorgánico hidratado*. Por ejemplo:
  ▷ Disolución de nitrato de hierro(III) ($Fe(NO_3)_3$ (aq)) 0.1 M
  ▷ Cloruro de cobalto(II) x-hidratado ($CoCl_2 \cdot xH_2O$ (s))
  ▷ Cloruro de bario x-hidratado ($BaCl_2 \cdot xH_2O$ (s))
  ▷ Cloruro de estaño(II) x-hidratado ($SnCl_2 \cdot xH_2O$ (s))
  ▷ Cloruro de calcio x-hidratado ($CaCl_2 \cdot xH_2O$ (s))
  ▷ Sulfato de cobre(II) x-hidratado ($CuSO_4 \cdot xH_2O$ (s))

*En todos los casos, la x hace referencia a un número natural (1, 2, 3, etc.) de valor desconocido para el alumnado.

OBLIGATORIO

La bata bien abrochada y las gafas de seguridad
puestas en todo momento.

4. Descripción del procedimiento experimental

4.1. Medida de volúmenes líquidos

- Revisar el estado y limpieza del material. En el caso de que esté sucio, LIMPIARLO.
- Numerar y pesar 3 vasos de precipitados de 100 mL limpios y secos en una balanza de 2 o más decimales. Anotar la masa.
- Verter en cada uno de ellos 10 mL de agua desionizada medidos con la pipeta graduada y, utilizando la misma balanza, determinar la masa del agua contenido en cada uno de los vasos de precipitados.
- Repetir el procedimiento anterior empleando, en este segundo caso, la probeta como instrumento para la medida del volumen de agua (10 mL) en sustitución de la pipeta graduada.
- Repetir el procedimiento por tercera vez empleando el 4º vaso de precipitados para tomar las muestras de agua desionizada de 10 mL.

4.1.1. Gestión de residuos

En esta práctica para la medida de volúmenes líquidos, el único reactivo empleado es el agua desionizada, por lo que no se genera ningún residuo peligroso.

4.2. Calentamiento

4.2.1. Preparación del montaje

- Revisar el estado y limpieza del material. En el caso de que esté sucio, LIMPIARLO.
- Reconocer las piezas y montar el equipo de calentamiento según se indica en la **Figura 1**.

Figura 1. Montaje experimental para el calentamiento
de los compuestos inorgánicos hidratados.

- Tapar el crisol de porcelana con el vidrio de reloj, ambos limpios y secos, y pesar el conjunto en una balanza. Anotar la masa y tarar.
- Pulverizar cuidadosamente el sólido inorgánico y pesar suficiente cantidad de este (aprox. 2 g) en el crisol de porcelana. Anotar la cantidad exacta del sólido utilizado.
- Colocar el crisol de porcelana tapado sobre la rejilla soportada encima del aro metálico. La distancia entre el extremo superior del mechero Bunsen y la rejilla debe ser de aprox. 5 cm.
- Encender el mechero Bunsen. Calentar suavemente durante al menos 6 min. Procurar que el calor de la llama se reparta por toda la superficie del crisol.
- Tras los 6 min de calentamiento, apagar el mechero y dejar enfriar el crisol de porcelana tapado hasta que el conjunto alcance la temperatura ambiental (tiempo estimado de al menos 10 min). El crisol estará muy caliente, por lo que habrá que evitar su manipulación, así como depositarlo sobre ninguna superficie que pueda degradarse.
- Pesar el conjunto (crisol de porcelana, vidrio de reloj y muestra anhidra) y anotar el resultado.
- Realizar un segundo calentamiento durante 3 min para asegurar la completa evaporación del agua de hidratación. Repetir el proceso de enfriamiento y pesada.
- Observar el aspecto del producto residual (anotar cambio de color, forma, etc.) (**Figura 2**).

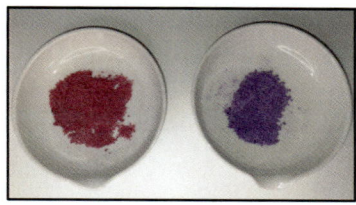

Figura 2. Aspecto del cloruro de cobalto(II)
hidratado (izda.) y anhidro (dcha.).

4.2.2. Gestión de residuos

Durante la realización de esta práctica el único residuo peligroso generado es el compuesto inorgánico anhidro que, al tratarse de un sólido metálico, debe gestionarse como residuo sólido inorgánico.

5. Adquisición de resultados

Cada persona debe describir en su cuaderno de laboratorio (o soporte similar) los ensayos realizados y recoger todos los resultados de los experimentos desarrollados. Adicionalmente, para la correcta realización de esta práctica, cada persona debe:

- Medida de volúmenes: recoger los datos de las mediciones realizadas por triplicado (pipeta, probeta y vaso de precipitados) en una tabla y calcular el promedio, el error relativo y la desviación estándar de población o desviación típica en cada de uno de los 3 casos. Clasificar razonadamente pipeta, probeta y vaso de precipitados en orden creciente de precisión y exactitud a la hora de emplearlos como materiales volumétricos.
- Calentamiento: calcular los moles de agua desprendida y los moles del compuesto inorgánico anhidro. Estos valores sirven para relacionar el número de moles del agua de hidratación y el número de moles del compuesto inorgánico anhidro, esto es, encontrar el valor de χ en las muestras problema disponibles en el laboratorio.

CUESTIONARIO

1. Medida de volúmenes

1.1. Nombrar el material de laboratorio correspondiente a cada una de las imágenes e interpretar el significado de la información señalada en cada caso.

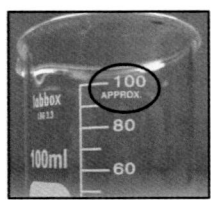  

1.2. Completar las siguientes tablas (dato: $\rho_{agua\ desionizada}$ (25 °C) = 0.9973 g/mL).

Tabla 1. Resultados obtenidos empleando una pipeta graduada.

Ensayo	$V_{teórico}$ H_2O (mL)	$m_{teórica}$ H_2O (g)	$m_{experimental}$ H_2O (g)	$m_{promedio}$ $(\bar{x})$	Error relativo $(\frac{\bar{x}-\mu}{\mu})$	*Desviación estándar (σ)
1	10					
2	10					
3	10					

*La desviación estándar de población (σ) se calcula como $\sigma = \left[\frac{\Sigma(x_i - \mu)^2}{n}\right]^{1/2}$, siendo μ el valor verdadero (conocido) y n el número de mediciones del parámetro a estudio.

Tabla 2. Resultados obtenidos empleando una probeta.

Ensayo	$V_{teórico}$ H_2O (mL)	$m_{teórica}$ H_2O (g)	$m_{experimental}$ H_2O (g)	$m_{promedio}$ $(\bar{x})$	Error relativo $(\frac{\bar{x}-\mu}{\mu})$	*Desviación estándar (σ)
1	10					
2	10					
3	10					

*La desviación estándar de población (σ) se calcula como $\sigma = \left[\frac{\Sigma(x_i - \mu)^2}{n}\right]^{1/2}$, siendo μ el valor verdadero (conocido) y n el número de mediciones del parámetro a estudio.

Tabla 3. Resultados obtenidos empleando un vaso de precipitados.

Ensayo	$V_{teórico}$ H_2O (mL)	$m_{teórica}$ H_2O (g)	$m_{experimental}$ H_2O (g)	$m_{promedio}$ ($\bar{x}$)	Error relativo ($\frac{\bar{x} - \mu}{\mu}$)	*Desviación estándar (σ)
1	10					
2	10					
3	10					

*La desviación estándar de población (σ) se calcula como $\sigma = \left[\frac{\Sigma(x_i - \mu)^2}{n}\right]^{1/2}$, siendo μ el valor verdadero (conocido) y n el número de mediciones del parámetro a estudio.

1.3. Clasificar (indicando el razonamiento) la pipeta, la probeta y el vaso de precipitados en orden creciente de precisión y exactitud a la hora de emplearlos como materiales volumétricos.

2. Calentamiento

2.1. Completar la **Tabla 4** con los valores experimentales obtenidos.

Tabla 4. Resultados obtenidos durante el calentamiento del compuesto inorgánico hidratado.

	Compuesto: _____
Masa crisol + tapa (vidrio de reloj) (g)	
Masa muestra inicial (g)	
Masa muestra tras calentamiento (g)	
Masa H_2O (g)	
Moles H_2O (mol)	
Masa compuesto anhidro (g)	
Moles compuesto anhidro (mol)	

2.2. Determinar la fórmula real del compuesto inorgánico hidratado. Comprobar si se obtiene un número natural (entero y positivo) en la fórmula de la sustancia y, en caso contrario, explicar razonadamente la posible procedencia del error.

TEST DE EVALUACIÓN

1. **Estás trabajando con el mechero Bunsen y sin querer lo golpeas y vuelca, provocando un fuego localizado. ¿Qué debes hacer?**
   A. Apagar el fuego empleando una manta ignífuga.
   B. Llamar directamente a los bomberos.
   C. Salir corriendo.
   D. Apagar el fuego utilizando un extintor.

2. **Un vaso de precipitados es un instrumento clasificado como...**
   A. Material cuantitativo, de alta precisión y exactitud.
   B. Material cuantitativo, de baja precisión y exactitud.
   C. Material cuantitativo, de alta precisión pero baja exactitud.
   D. Material no-cuantitativo.

3. **En la parte superior de la probeta (*ver imagen*) se indica "250:2 mL (±2 mL)". Esto significa que la medición mediante esta probeta ofrece:**

   A. 2 cifras significativas y el último dígito es incierto.
   B. 3 cifras significativas y la certeza es de ±2.
   C. 3 cifras significativas y la incertidumbre es de ±2.
   D. El cero al final del número no es significativo ya que está antes del punto decimal.

4. **¿Qué nombre recibe el instrumento de la imagen?**
   A. Pesasustancias.
   B. Placa de Petri.
   C. Crisol de porcelana.
   D. Vidrio de reloj.
   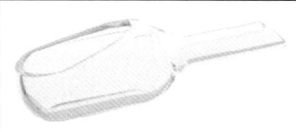

5. **Tras el calentamiento, el residuo sólido generado es una sal anhidra que...**

   A. Debe verterse en el bidón de *sólidos inorgánicos* ya que se trata de una sal inorgánica.

   B. Debe verterse en el bidón de *especiales* ya que se trata de un producto químico muy peligroso.

   C. No es peligrosa por lo que no es necesario gestionarla como residuo peligroso.

   D. Debe gestionarse como *material desechable contaminado*.

2   Calorimetría

1. Objetivos

En esta práctica se determina la variación de entalpía de diversas reacciones químicas mediante calorimetría:
- Medir la capacidad calorífica de un calorímetro a presión constante.
- Observar la absorción o liberación de energía (en forma de calor) de tres tipos de reacciones químicas.
  - La reacción de neutralización entre un ácido y una base.
  - La reacción de disolución de un compuesto.
  - La reacción de descomposición de un compuesto.

2. Conocimientos previos

La energía (en forma de calor) transferida durante una reacción química se mide con un dispositivo llamado calorímetro (**Figura 1**). Se trata de un dispositivo sencillo, un recipiente aislado (no hay intercambio de materia ni energía con los alrededores) con un agitador, un termómetro y una tapa para mantener el contenido a la presión atmosférica. En este caso, la agitación del calorímetro Dewar se realiza manualmente.

La reacción química se lleva a cabo dentro del recipiente y la energía liberada o absorbida se calcula exclusivamente a partir del cambio de temperatura (no sucede ningún cambio de fase). Por lo tanto, como la presión dentro del calorímetro es constante, la medición de la temperatura permite calcular el cambio de entalpía (ΔH) debido a la reacción química.

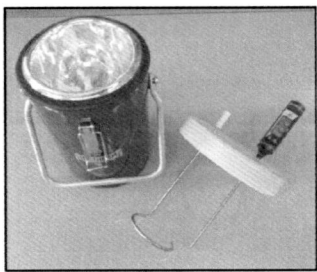

Figura 1. Calorímetro Dewar abierto (izda.), y tapa con agitador
y termómetro (dcha.).

Si se asume que un calorímetro ideal evita la ganancia o pérdida de energía con el exterior, la energía producida/consumida por la reacción química es absorbida o liberada completamente por la disolución. Así, en una reacción exotérmica, la energía producida por la reacción es absorbida por la disolución, por lo que la temperatura de la disolución aumenta. Por el contrario, en una reacción endotérmica, la disolución cede la energía (en forma de descenso de temperatura) requerida por la reacción para llevarse a cabo.

La relación entre la energía absorbida o liberada por una disolución de masa m y la variación de temperatura ΔT, viene dada por la siguiente ecuación:

$$\Delta H = m \cdot C \cdot \Delta T$$

- ΔH = Energía (en forma de calor) intercambiada a P constante (J).
- C = Calor específico (J/(g·K), J/(g·°C)). Se define como la cantidad de calor necesaria para elevar 1 °C la temperatura de 1 g de sustancia.
- m = Masa de la disolución (g).
- T = Variación de temperatura producida en la disolución (K, °C).

En un calorímetro real, parte de la energía producida durante una reacción química en el interior del calorímetro se transfiere a las propias paredes del dispositivo. Por lo tanto, se debe determinar en primer lugar la cantidad de energía que puede absorber el calorímetro, esto es, la capacidad calorífica del calorímetro (el cociente entre la cantidad de energía calorífica transferida a un cuerpo o sistema en un proceso cualquiera y el cambio de temperatura que experimenta (J/K, J/°C)).

3. Descripción del material y reactivos

- 1 Calorímetro Dewar
- 2 Termómetros digitales
- 1 Baño termostático
- 1 Vidrio de reloj
- 1 Espátula
- 2 Vasos de precipitados (100 mL)

- 1 Probeta (25 mL)
- 1 Probeta (50 mL)
- 2 Pipetas (5 mL)
- 1 Cronómetro
- 1 Frasco lavador

- ► Agua desionizada
- ► Para la reacción de neutralización:
  - ▷ Disolución de sodio hidróxido (NaOH (aq)) 1.0 M
  - ▷ Disolución de ácido clorhídrico (HCl (aq)) 1.0 M
- ► Para la reacción de disolución:
  - ▷ Nitrato de potasio (KNO_3 (s))
  - ▷ Cloruro de amonio (NH_4Cl (s))
  - ▷ Cloruro de litio (LiCl (s))
- ► Para la reacción de descomposición:
  - ▷ Disolución de agua oxigenada (H_2O_2 (aq)) 30 % w/v (30 g H_2O_2 por 100 mL disolución)
  - ▷ Disolución de nitrato de hierro(III) ($Fe(NO_3)_3$ (aq)) 0.1 M

OBLIGATORIO

La bata bien abrochada y las gafas de seguridad
puestas en todo momento.

4. Descripción del procedimiento experimental

4.1. Determinación de la capacidad calorífica del calorímetro

- Revisar el estado y limpieza del material. En el caso de que esté sucio, LIMPIARLO.
- Verter 40 mL de agua desionizada a temperatura ambiente (considerada agua fría) en el interior del calorímetro y anotar la temperatura (T_1). Para determinar la temperatura (en este y otros casos) debe

mantenerse sumergido el termómetro en el líquido durante al menos 1 min.

- Medir la temperatura exacta del agua desionizada colocada en el interior del baño termostático (~60 °C) (T_2). Tomar 40 mL de agua caliente con la ayuda de la probeta y verterlos rápidamente en el interior del calorímetro (donde se encuentran los 40 mL de agua a T_1).

- Tapar rápidamente el calorímetro, anotar el tiempo y agitar suavemente el calorímetro con movimientos circulares. Anotar la temperatura de la disolución a intervalos de 10 s durante el primer minuto y cada 20 s durante los siguientes 4 min. La temperatura registra un máximo y decae ligeramente (debido al calor absorbido por las paredes del calorímetro) hasta estabilizarse. Se considera que la temperatura estabilizada es la temperatura final de la disolución (T_f).

IMPORTANTE

Si se produce un descenso de la temperatura durante los últimos 2 min del ensayo, puede deberse a algún error experimental (calorímetro mal cerrado, termómetro sin sumergir, etc.).

- Calcular la energía cedida por el agua caliente (ΔH_{cedida} (J)), suponiendo que la densidad (ρ) y el calor específico (C) del agua en el rango de temperaturas de trabajo es de 1.00 g/mL y 4.179 J/(g·°C), respectivamente.

$$\Delta H_{cedida} = m_{agua\ caliente} \cdot C_{H_2O} \cdot (T_f - T_2)$$

- Calcular la energía absorbida por el agua fría ($\Delta H_{absorbida}$ (J)):

$$\Delta H_{absorbida} = m_{agua\ fría} \cdot C_{H_2O} \cdot (T_f - T_1)$$

- Como el calorímetro es un sistema aislado (el calor intercambiado con el exterior es nulo), la diferencia entre ambos términos corresponde a la energía absorbida por las paredes del calorímetro.

$$\Delta H_{cedida} + \Delta H_{absorbida} + \text{Energía absorbida por el calorímetro} = 0$$

$$\text{Energía absorbida por el calorímetro} = -(\Delta H_{absorbida} + \Delta H_{cedida})$$

- La capacidad calorífica del calorímetro ($C_{calorímetro}$ (J/K, J/°C)) se calcula como el cociente entre ese valor y la variación de temperatura ($T_f - T_1$).

$$C_{calorímetro} = \frac{-(\Delta H_{absorbida} + \Delta H_{cedida})}{(T_f - T_1)}$$

4.1.1. Gestión de residuos

En esta práctica para determinar la capacidad calorífica del calorímetro, el único reactivo empleado es el agua desionizada, por lo que no se genera ningún residuo peligroso.

4.2. Determinación de la variación de entalpía de una reacción de neutralización entre un ácido y una base

Un ácido y una base reaccionan para dar lugar a una sal y agua (reacción de neutralización). En el caso del HCl (ácido fuerte) y NaOH (base fuerte), la reacción exotérmica que tiene lugar es la siguiente:

$$HCl\ (aq) + NaOH\ (aq) \rightarrow H_2O\ (l) + NaCl\ (aq) \qquad \Delta H\ (J/mol) = ¿?$$

La variación de entalpía de neutralización por mol de sal común (NaCl) producido (esto es, expresada en J/mol) se calcula mediante el siguiente ensayo:

- Verter 40 mL de la disolución de NaOH 1.0 M en el interior del calorímetro a temperatura ambiente (T_{NaOH}).
- Tomar con la ayuda de la probeta 40 mL de la disolución de HCl 1.0 M a temperatura ambiente (T_{HCl}). Debe procurarse que ambas disoluciones iniciales estén a temperaturas similares para poder aproximar la temperatura de disolución inicial (T_i) mediante la siguiente ecuación:

$$T_i = (T_{NaOH} + T_{HCl})/2$$

- Verter los 40 mL de la disolución de HCl 1.0 M al calorímetro (donde se encuentran los 40 mL de la disolución de NaOH 1.0 M a T_{NaOH}).

- Tapar rápidamente el calorímetro, anotar el tiempo y agitar suavemente el calorímetro con movimientos circulares. Anotar la temperatura a intervalos de 10 s durante el primer minuto y cada 20 s durante los siguientes 4 min. La temperatura registra un máximo y decae ligeramente (debido al calor absorbido por las paredes del calorímetro) hasta estabilizarse. Se considera que la temperatura estabilizada es la temperatura final de la disolución (T_f).

- Calcular la energía absorbida por la disolución ($\Delta H_{absorbida\ por\ la\ disolución}$ (J)) tras la reacción química (no se debe olvidar que la reacción de neutralización es exotérmica). Teniendo en cuenta que las disoluciones de NaOH 1.0 M y HCl 1.0 M son disoluciones acuosas muy diluidas, se considera que la densidad y el calor específico de la disolución resultante tras la reacción de neutralización se corresponden con los valores del agua ($\rho_{disolución} = 1.00$ g/mL y $C_{disolución} = 4.179$ J/(g·°C), respectivamente).

$$\Delta H_{absorbida\ por\ la\ disolución} = m_{disolución} \cdot C_{disolución} \cdot (T_f - T_i)$$

- Calcular la variación de entalpía de la reacción de neutralización ($\Delta H_{reacción\ de\ neutralización}$ (J)). Para ello, debe tenerse en cuenta la energía absorbida por el calorímetro ($\Delta H_{absorbida\ por\ el\ calorímetro}$ (J)), que se calcula a partir de su capacidad calorífica (calculada en el apartado anterior).

$$\Delta H_{absorbida\ por\ el\ calorímetro} = C_{calorímetro} \cdot (T_f - T_i)$$

- Calcular la variación de entalpía de la reacción de neutralización ($\Delta H_{reacción\ de\ neutralización}$ (J)):

$$\Delta H_{reac.\ neutralización} + \Delta H_{absorbida\ disolución} + \Delta H_{absorbida\ calorímetro} = 0$$

$$\Delta H_{reac.\ neutralización} = -(\Delta H_{absorbida\ disolución} + \Delta H_{absorbida\ calorímetro})$$

Para expresar la $\Delta H_{\text{reacción de neutralización}}$ en unidades de J/mol_{NaCl} es necesario dividir el valor de $\Delta H_{\text{reacción de neutralización}}$ (J) obtenido anteriormente entre la cantidad de moles de NaCl producidos.

4.2.1. Gestión de residuos

Los residuos generados durante la práctica para la determinación de la variación de entalpía de la reacción de neutralización entre un ácido (HCl) y una base (NaOH) deben gestionarse como disolución inorgánica ácida (disolución sobrante de HCl) y disolución inorgánica alcalina (disolución sobrante de NaOH). La disolución resultante de la reacción de neutralización se vierte a una u otra garrafa en función del valor de su pH.

4.3. Determinación de la variación de entalpía de la reacción de disolución de un compuesto

Cuando un compuesto se disuelve en agua, se produce un consumo o producción de energía en función de si la reacción de disolución correspondiente es endotérmica o exotérmica. En esta práctica se propone calcular la variación de entalpia de la reacción de disolución ($\Delta H_{\text{reacción de disolución}}$ (J)) de 3 compuestos sólidos, nitrato de potasio (KNO_3), cloruro de amonio (NH_4Cl) y cloruro de litio (LiCl).

$$KNO_3 \ (s) \xrightarrow{+ \ H_2O \ (l)} KNO_3 \ (aq) \qquad \Delta H \ (J/mol) = \text{¿?} \ (\text{reacción endotérmica})$$

$$NH_4Cl \ (s) \xrightarrow{+ \ H_2O \ (l)} NH_4Cl \ (aq) \qquad \Delta H \ (J/mol) = \text{¿?} \ (\text{reacción endotérmica})$$

$$LiCl \ (s) \xrightarrow{+ \ H_2O \ (l)} LiCl \ (aq) \qquad \Delta H \ (J/mol) = \text{¿?} \ (\text{reacción exotérmica})$$

La variación de entalpía de disolución por mol de reactivo (KNO_3, NH_4Cl o LiCl) disuelto (esto es, expresada en J/mol) se calcula mediante el siguiente ensayo:

- Pesar 1 g de compuesto (KNO_3, NH_4Cl o $LiCl$) con la ayuda de la balanza analítica.

- Verter 20 mL de agua desionizada en el interior del calorímetro a temperatura ambiente (T_i).

- Añadir rápidamente (y sin pérdidas) la masa del compuesto sólido en el interior del calorímetro. Tapar rápidamente el calorímetro, anotar el tiempo y agitar suavemente el calorímetro con movimientos circulares. Anotar la temperatura a intervalos de 10 s durante el primer minuto y cada 20 s durante los siguientes 4 min.

- La temperatura registra un máximo (en caso de reacciones exotérmicas) y decae ligeramente (debido al calor absorbido por las paredes del calorímetro) hasta estabilizarse. Se considera que la temperatura estabilizada es la temperatura final de la disolución (T_f). En caso contrario, descenso de temperatura en el interior del calorímetro (reacción endotérmica), se registra una temperatura mínima y, a continuación, la temperatura sube ligeramente (debido al calor cedido por las paredes del calorímetro) hasta estabilizare. Se considera que la temperatura estabilizada es la temperatura final de la disolución (T_f).

- Calcular la energía absorbida o cedida por la disolución ($\Delta H_{\text{absorbida/cedida por la disolución}}$ (J)) tras la reacción química (exotérmica/endotérmica). Teniendo en cuenta que en los 3 casos la disolución resultante es acuosa y muy diluida, se considera que su densidad y su calor específico se corresponden con los valores del agua ($\rho_{\text{disolución}}$ = 1.00 g/mL y $C_{\text{disolución}}$ = 4.179 J/(g·°C), respectivamente).

$$\Delta H_{\text{absorbida por la disolución}} = m_{\text{disolución}} \cdot C_{\text{disolución}} \cdot (T_f - T_i)$$

- Calcular la variación de entalpía de la reacción de disolución ($\Delta H_{\text{reacción de disolución}}$ (J)). Para ello, debe tenerse en cuenta la energía absorbida o cedida por el calorímetro ($\Delta H_{\text{absorbida/cedida por el calorímetro}}$ (J)), que se calcula a partir de su capacidad calorífica (calculada en el apartado anterior).

$$\Delta H_{\text{absorbida/cedida por el calorímetro}} = C_{\text{calorímetro}} \cdot (T_f - T_i)$$

- Finalmente, se calcula la variación de entalpía de la reacción de disolución ($\Delta H_{\text{reacción de disolución}}$ (J)):

$$\Delta H_{\text{reac. disol.}} + \Delta H_{\text{absorbida/cedida disol.}} + \Delta H_{\text{absorbida/cedida calorímetro}} = 0$$

$$\Delta H_{\text{reac. disol.}} = -(\Delta H_{\text{absorbida/cedida disol.}} + \Delta H_{\text{absorbida/cedida calorímetro}})$$

IMPORTANTE

Para expresar la $\Delta H_{\text{reacción de disolución}}$ en unidades de $J/mol_{\text{compuesto}}$ (KNO_3, NH_4Cl o $LiCl$) es necesario dividir el valor de $\Delta H_{\text{reacción de disolución}}$ (J) obtenido anteriormente entre la cantidad de moles disueltos del correspondiente compuesto.

4.3.1. Gestión de residuos

El único residuo peligroso generado durante la práctica para la determinación de la variación de entalpía de la reacción de disolución de varios compuestos (KNO_3, NH_4Cl o $LiCl$) es la disolución de $LiCl$ y, por lo tanto, debe gestionarse como disolución con metales pesados.

4.4. Determinación de la variación de entalpía de la reacción de descomposición catalítica de un compuesto

La descomposición sin catalizador del agua oxigenada (H_2O_2) en medio acuoso es una reacción lenta y, por lo tanto, debe ser catalizada para acelerarla y que suceda en un breve espacio de tiempo. La reacción exotérmica que tiene lugar es la siguiente:

$$H_2O_2\ (aq) \rightarrow H_2O\ (l) + O_2\ (g) \quad \Delta H\ (J/mol) = \text{¿?} \text{ (reacción muy exotérmica)}$$

En la reacción, se emplea nitrato férrico ($Fe(NO_3)_3$) como catalizador y, como tal, no aparece indicado en la ecuación química.

La variación de entalpía de descomposición por mol de agua oxigenada (H_2O_2) (esto es, expresada en J/mol) se calcula mediante el siguiente ensayo:
- Verter 12.5 mL de agua desionizada con la ayuda de la probeta en el interior del calorímetro a temperatura ambiente (T_{H2O}).

- Tomar con la ayuda de la pipeta 2.5 mL de agua oxigenada (H_2O_2) a temperatura ambiente (T_{H2O2}) y verterlos al calorímetro (donde se encuentran los 12.5 mL de agua a T_{H2O}).

- Tapar rápidamente el calorímetro y agitarlo suavemente con movimientos circulares. Transcurrido 1 min, anotar la temperatura de la disolución en el interior del calorímetro ($T_{disolución}$).

- Tomar con la ayuda de la otra pipeta 2 mL de la disolución de nitrato férrico ($Fe(NO_3)_3$) 0.1 M a temperatura ambiente ($T_{Fe(NO3)3}$). Debe procurarse que ambas disoluciones estén a temperaturas similares para poder aproximar la temperatura de disolución inicial (T_i) mediante la siguiente ecuación:

$$T_i = (T_{disolución} + T_{Fe(NO3)3})/2$$

- Añadir los 2 mL de la disolución de nitrato férrico ($Fe(NO_3)_3$) 0.1 M al calorímetro.

- Tapar rápidamente el calorímetro, anotar el tiempo y agitar suavemente el calorímetro con movimientos circulares. Anotar la temperatura a intervalos de 30 s durante 7 min. La temperatura registra un máximo y decae ligeramente (debido al calor absorbido por las paredes del calorímetro) hasta estabilizarse. Se considera que la temperatura estabilizada es la temperatura final de la disolución (T_f).

- Calcular la energía absorbida por la disolución ($\Delta H_{absorbida\ por\ la\ disolución}$ (J)) tras la reacción química (no se debe olvidar que la reacción de descomposición catalítica es exotérmica). Teniendo en cuenta que la disolución resultante es acuosa y muy diluida, se considera que su densidad y su calor específico se corresponden con los valores del agua ($\rho_{disolución}$ = 1.00 g/mL y $C_{disolución}$ = 4.179 J/(g·°C), respectivamente).

$$\Delta H_{absorbida\ por\ la\ disolución} = m_{disolución} \cdot C_{disolución} \cdot (T_f - T_i)$$

- Calcular la variación de entalpía de la reacción de descomposición ($\Delta H_{reacción\ de\ descomposición}$ (J)). Para ello, debe tenerse en cuenta la energía absorbida por el calorímetro ($\Delta H_{absorbida\ por\ el\ calorímetro}$ (J)), que se calcula a partir de su capacidad calorífica (calculada en el apartado anterior).

$$\Delta H_{absorbida\ por\ el\ calorímetro} = C_{calorímetro} \cdot (T_f - T_i)$$

- Finalmente, se calcula la variación de entalpía de la reacción de descomposición ($\Delta H_{\text{reacción de descomposición}}$ (J)):

$$\Delta H_{\text{reac. descomposición}} + \Delta H_{\text{absorbida disolución}} + \Delta H_{\text{absorbida calorímetro}} = 0$$

$$\Delta H_{\text{reac. descomposición}} = -(\Delta H_{\text{absorbida disolución}} + \Delta H_{\text{absorbida calorímetro}})$$

IMPORTANTE

Para expresar la $\Delta H_{\text{reacción de descomposición}}$ en unidades de J/mol_{H2O2} es necesario dividir el valor de $\Delta H_{\text{reacción de descomposición}}$ (J) obtenido anteriormente entre la cantidad de moles de H_2O_2 consumidos.

4.4.1. Gestión de residuos

El único residuo peligroso generado durante la práctica para la determinación de la variación de entalpía de la reacción de descomposición catalítica del agua oxigenada es la disolución final que contiene nitrato férrico ($Fe(NO_3)_3$) y, por lo tanto, debe gestionarse como disolución con metales pesados.

5. Adquisición de resultados

Cada persona debe describir en su cuaderno de laboratorio (o soporte similar) los ensayos realizados y recoger todos los resultados de los experimentos desarrollados. Adicionalmente, para la correcta realización de esta práctica, cada persona debe:

- Calcular la capacidad calorífica del calorímetro ($C_{\text{calorímetro}}$), así como la determinación de la variación de entalpía de la reacción de neutralización ($\Delta H_{\text{reacción de neutralización}}$), de la reacción de disolución ($\Delta H_{\text{reacción de disolución}}$) o de la reacción de descomposición ($\Delta H_{\text{reacción de descomposición}}$).

CUESTIONARIO

1. Determinación de la capacidad calorífica del calorímetro

1.1. Completar la **Tabla 1** con los valores experimentales obtenidos.

Tabla 1. Resultados obtenidos para determinar la capacidad calorífica del calorímetro.

Agua "fría"		Agua "caliente"	
Volumen (mL)		Volumen (mL)	
T_1 (°C)		T_2 (°C)	
Disolución (agua "fría" + agua "caliente")			
Tiempo (s)			
Temperatura (°C)			
T_f (°C)			

1.2. Calcular la energía cedida por el agua caliente (ΔH_{cedida}). Indicar los cálculos realizados y el resultado final expresado en J.

1.3. Calcular la energía absorbida por el agua fría ($\Delta H_{absorbida}$). Indicar los cálculos realizados y el resultado final expresado en J.

1.4. Calcular la capacidad calorífica del calorímetro ($C_{calorímetro}$). Indicar los cálculos realizados y el resultado final expresado en J/°C.

2. Determinación de la variación de entalpía de una reacción de neutralización entre un ácido y una base

2.1. Completar la **Tabla 2** con los valores experimentales obtenidos.

Tabla 2. Resultados obtenidos para determinar la variación de entalpía de una reacción de neutralización entre un ácido y una base.

Disolución NaOH 1.0 M		Disolución HCl 1.0 M	
Volumen (mL)		Volumen (mL)	
T_{NaOH} (°C)		T_{HCl} (°C)	
Disolución (NaOH 1.0 M + HCl 1.0 M)									
Tiempo (s)									
Temperatura (°C)									
T_1 (°C)									
T_f (°C)									

2.2. Representar gráficamente con la ayuda de un programa informático (no manualmente) la temperatura de la disolución (°C) frente al tiempo (s) para la reacción de neutralización.

2.3. Calcular la energía absorbida por la disolución ($\Delta H_{absorbida\ por\ la\ disolución}$). Indicar los cálculos realizados y el resultado final expresado en J.

2.4. Calcular la energía absorbida por el calorímetro ($\Delta H_{absorbida\ por\ el\ calorimetro}$). Indicar los cálculos realizados y el resultado final expresado en J.

2.5. Escribir la ecuación química ajustada entre el NaOH y HCl.

2.6. Calcular la cantidad de NaCl producida, suponiendo un rendimiento (η) del 100 %.

2.7. Calcular la variación de entalpía de la reacción de neutralización ($\Delta H_{\text{reacción de neutralización}}$) expresada en kJ/mol$_{\text{NaCl}}$.

2.8. Calcular el error relativo del resultado obtenido experimentalmente, sabiendo que el valor teórico indicado en la bibliografía para la variación de entalpía de la reacción de neutralización entre el NaOH y el HCl es de -55.7 kJ/mol$_{\text{NaCl}}$. Indicar razonadamente si el resultado obtenido es suficientemente válido.

3. Determinación de la variación de entalpía de la reacción de disolución de un compuesto

3.1. Completar la **Tabla 3** con los valores experimentales obtenidos.

Tabla 2. Resultados obtenidos para determinar la variación de entalpía de una reacción de neutralización entre un ácido y una base.

Disolución NaOH 1.0 M		Disolución HCl 1.0 M	
Volumen (mL)		Volumen (mL)	
T_{NaOH} (°C)		T_{HCl} (°C)	
Disolución (NaOH 1.0 M + HCl 1.0 M)			
Tiempo (s)			
Temperatura (°C)			
T_1 (°C)			
T_f (°C)			

3.2. Representar gráficamente con la ayuda de un programa informático (no manualmente) la temperatura de la disolución (°C) frente al tiempo (s) para la reacción de disolución.

3.3. Calcular la energía absorbida/cedida por la disolución ($\Delta H_{absorbida/cedida\ por\ la\ disolución}$). Indicar los cálculos realizados y el resultado final expresado en J.

3.4. Calcular la energía absorbida/cedida por el calorímetro ($\Delta H_{absorbida/cedida\ por\ el\ calorimetro}$). Indicar los cálculos realizados y el resultado final expresado en J.

3.5. Calcular la variación de entalpía de la reacción de disolución ($\Delta H_{\text{reacción de disolución}}$) expresada en kJ/mol$_{\text{compuesto}}$. Indicar razonadamente si se trata de una reacción endotérmica o exotérmica.

3.6. Calcular el error relativo del resultado obtenido experimentalmente, sabiendo que el valor teórico indicado en la bibliografía para la variación de entalpía de la reacción de disolución del KNO_3, NH_4Cl o $LiCl$ es de +34.89, +14.78 y -37.03 kJ/mol, respectivamente. Indicar razonadamente si el resultado obtenido es suficientemente válido.

4. Determinación de la variación de entalpía de la reacción de descomposición de un compuesto

4.1. Completar la **Tabla 4** con los valores experimentales obtenidos.

Tabla 4. Resultados obtenidos para determinar la variación de entalpía de la reacción de descomposición de un compuesto.

H_2O_2 (aq) 30 % w/v		Agua	
Volumen (mL)		Volumen (mL)	
Temperatura (°C)		Temperatura (°C)	
Disolución (H_2O_2 (aq) 30 % w/v + H_2O)		$Fe(NO_3)_3$ 0.1 M	
$T_{\text{disolución}}$ (°C)		$T_{Fe(NO_3)_3}$ (°C)	
Disolución (H_2O_2 (aq) 30 % w/v + H_2O + $Fe(NO_3)_3$ 0.1 M)			
Tiempo (s)			
Temperatura (°C)			
T_i (°C)			
T_f (°C)			

4.2. Representar gráficamente con la ayuda de un programa informático (no manualmente) la temperatura de la disolución (°C) frente al tiempo (s) para la reacción de descomposición.

4.3. Calcular la energía absorbida por la disolución ($\Delta H_{\text{absorbida por la disolución}}$). Indicar los cálculos realizados y el resultado final expresado en J.

4.4. Calcular la energía absorbida por el calorímetro ($\Delta H_{\text{absorbida por el calorimetro}}$). Indicar los cálculos realizados y el resultado final expresado en J.

4.5. Escribir la ecuación química ajustada de la descomposición del H_2O_2.

4.6. Calcular la cantidad de H_2O_2 en 2.5 mL de la disolución de H_2O_2 30 % w/v. Indicar los cálculos realizados y el resultado final expresado en moles.

4.7. Calcular la variación de entalpía de la reacción de descomposición ($\Delta H_{\text{reacción de descomposición}}$) expresada en kJ/mol_{H2O2}.

TEST DE EVALUACIÓN

1. **Para preparar una disolución ácida de una concentración determinada:**
   A. Se debe trabajar siempre en una vitrina.
   B. Verter siempre el agua sobre el ácido y no al revés.
   C. Se toma el volumen de ácido con ayuda de la pipeta del envase del reactivo y se vierte en un matraz aforado donde previamente se habrá vertido el volumen de agua necesario.
   D. Verter siempre el ácido sobre el agua y no al revés.

2. **Un calorímetro ideal es...**
   A. Adiabático e isotermo.
   B. Isotermo.
   C. Aislado y reversible.
   D. Adiabático.

3. **Se disuelve una sustancia sólida en agua en el interior de un calorímetro Dewar. Se sabe que la reacción de disolución es exotérmica. Por lo tanto:**
   A. La disolución que se forma es homogénea.
   B. La disolución se enfría.
   C. La disolución se calienta.
   D. La disolución ni se calienta ni se enfría porque el calorímetro, al ser adiabático, no permite que la energía (en forma de calor) se escape del recipiente.

4. **El reactivo de agua oxigenada tiene una concentración de 30 % w/v.**
   A. 30 g H_2O_2 por cada 100 mL disolución.
   B. 30 g H_2O_2 por cada 100 g disolución.
   C. 30 g H_2O_2 por cada 1 L disolución.
   D. 300 g H_2O_2 por cada 1 kg disolución.

5. **Tras realizar el experimento correspondiente al cálculo de la entalpía de la reacción de neutralización que tiene lugar entre las disoluciones acuosas de hidróxido de sodio (NaOH) y ácido clorhídrico (HCl), el residuo líquido generado es...**

   A. Una disolución acuosa cuyo pH debe chequearse para poder realizar una correcta gestión del residuo.

   B. Una disolución acuosa que contiene productos químicos y, por lo tanto, debe verterse en el bidón clasificado como *disoluciones acuosas*.

   C. Una disolución acuosa neutra y, por lo tanto, debe verterse en la garrafa clasificada como *disoluciones acuosas*.

   D. Una disolución acuosa generada a partir de ácido clorhídrico y, por lo tanto, debe verterse en la garrafa clasificada como *disoluciones inorgánicas ácidas*.

 # Fabricación de biodiésel

1. Objetivos

En esta práctica se produce biodiésel a partir de aceite vegetal mediante una reacción de transesterificación empleando hidróxido de potasio (KOH) como catalizador.

- Estudiar el efecto de la adición de un catalizador en el rendimiento de las reacciones químicas.
- Determinar el poder calorífico de un combustible.

2. Conocimientos previos

2.1. Biocombustibles

Los combustibles tradicionales como el diésel y la gasolina provenientes de recursos fósiles están siendo poco a poco sustituidos por combustibles fabricados a partir de recursos renovables denominados biocombustibles. Los biocombustibles provienen principalmente de la biomasa vegetal y es por ello por lo que se les denomina con el prefijo bio-. Actualmente, los más empleados son el bioetanol, el biodiésel y el biogás. El bioetanol es un alcohol (etanol (C_2H_5OH)) que se obtiene tras la fermentación y posterior destilación de productos vegetales con alto contenido en celulosa (p. ej., la caña de azúcar, la remolacha o el maíz, entre otros) o a partir de biomasas residuales (residuos forestales, agrícolas o residuos sólidos urbanos). Por otro lado, el biodiésel se produce a partir de aceites vegetales (girasol, colza, palma, etc.), grasas animales o microalgas mediante una reacción de transesterificación.

Tanto el bioetanol como el biodiésel son combustibles en estado líquido y pueden emplearse como alternativa a la gasolina o al diésel. De forma similar al bioetanol, el biogás, compuesto principalmente por metano (CH_4) y dióxido de carbono (CO_2), también se produce gracias a un proceso de fermentación a partir de residuos agrícolas, ganaderos y forestales o de lodos generados durante el proceso de depuración de aguas residuales. En este caso, la fermentación se produce en condiciones anaerobias (en ausencia de oxígeno) en unos tanques herméticamente cerrados denominados digestores anaerobios.

El objetivo de esta práctica es comprender el método de fabricación del biodiésel a partir de aceite vegetal. A continuación, se detallan tanto las ventajas como los inconvenientes del uso de este (**Tabla 1**).

Tabla 1. Ventajas y desventajas del biodiésel.

Ventajas	Desventajas
• Materia prima de origen renovable. • No contiene azufre. • Genera menos emisiones de gases contaminantes y sustancias perjudiciales para la salud. • Se puede transportar con mayor facilidad.	• Solidifica a bajas temperaturas (puede llegar a obstruir las tuberías). • Pierde parte de sus propiedades a corto plazo. • No se puede utilizar en todos los motores del mercado.

2.2. Producción de biodiésel: reaccción de transesterificación

El biodiésel es un producto obtenido a partir de la transesterificación de aceites vegetales. Se trata de un proceso flexible ya que permite la posibilidad de tratar diferentes tipos de aceites y grasas para lograr el combustible deseado (**Figura 1**).

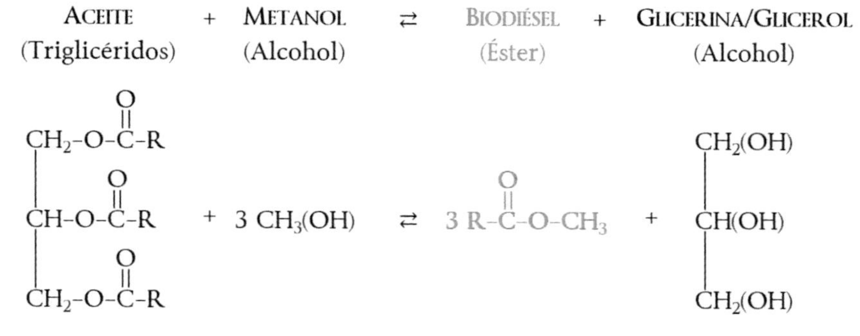

ACEITE + METANOL ⇄ BIODIÉSEL + GLICERINA/GLICEROL
(Triglicéridos) (Alcohol) (Éster) (Alcohol)

$$
\begin{array}{ccc}
& \underset{\|}{\overset{O}{}} & \\
CH_2\text{-}O\text{-}C\text{-}R & & CH_2(OH) \\
\\
\underset{CH\text{-}O\text{-}C\text{-}R}{\overset{O}{\|}} + 3\ CH_3(OH) \rightleftarrows 3\ \underset{R\text{-}C\text{-}O\text{-}CH_3}{\overset{O}{\|}} + CH(OH) \\
\\
\underset{CH_2\text{-}O\text{-}C\text{-}R}{\overset{O}{\|}} & & CH_2(OH)
\end{array}
$$

Figura 1. Reacción de transesterificación de un aceite vegetal.

En la transesterificación, los triglicéridos (constituyentes principales de los aceites vegetales y las grasas animales) reaccionan con alcoholes de cadena corta (metanol (CH_3OH), etanol (C_2H_5OH), propanol (C_3H_7OH), butanol (C_4H_9OH) o alcohol amílico ($C_5H_{11}OH$), entre otros) para generar ésteres. El alcohol más empleado en la industria es el metanol debido a su bajo coste.

A nivel industrial, se llega a alcanzar un rendimiento cercano al 100 %. Como se aprecia en la **Figura 1**, se trata de una reacción química reversible, por lo que para alcanzar ese grado de conversión la reacción se desplaza hacia la derecha (Reactivos → Productos) mediante la adición de un exceso de metanol. Así, pese a que la relación molar estequiométrica es 3:1 (metanol:aceite vegetal), en la industria se usa entre un 60 % y un 100 % adicional (relación molar 6:1).

El exceso de metanol queda combinado en una mezcla junto con el glicerol, y ambas sustancias se separan posteriormente por destilación para su reutilización.

La reacción de transesterificación es endotérmica, por lo que un aumento de la temperatura provoca un aumento de la velocidad de la reacción y del rendimiento. Además, es habitual acelerar la reacción de transesterificación mediante la adición de catalizadores. Históricamente, en España, la mayoría de las plantas de producción de biodiésel comercial han realizado la transesterificación en presencia de metanol (CH_3OH) y un catalizador de carácter básico como el hidróxido de potasio (KOH). Como regla general, y siempre que la concentración de ácidos grasos libres en el aceite vegetal sea inferior al 3 % (en masa) (en el caso del aceite de girasol no-usado este porcentaje es inferior al 0.2 %, tal y como se indica en la etiqueta del producto), se emplea una cantidad de catalizador igual al 1 % (en masa) de la masa total del aceite vegetal.

La mezcla resultante de aceite vegetal y metanol con catalizador da lugar a biodiésel bruto: se trata de una mezcla que contiene biodiésel, restos de metanol, glicerol y sales básicas (jabones). Exceptuando el biodiésel, el resto de los compuestos son solubles en agua.

2.3. Aceites vegetales

El aceite de girasol está compuesto básicamente por triglicéridos en estado líquido. Los triglicéridos tienen densidades más bajas que el agua (flotan sobre el agua) y pueden ser sólidos o líquidos a temperatura ambiental. Cuando son sólidos se llaman "grasas" y cuando son líquidos se denominan "aceites".

Un triglicérido es un compuesto químico que consiste en una molécula de glicerol unida a 3 moléculas de ácidos grasos. Los aceites comestibles (aceite de oliva, girasol, palma o coco, entre otros) se diferencian entre sí por el tipo y proporción de los ácidos grasos que los componen (**Tabla 2**).

Tabla 2. Composición de ácidos grasos en varios aceites vegetales comestibles.

| Aceite | Saturados | | | Monoinsaturados | Poliinsaturados | |
	Ácido palmítico (C16:0)	Ácido esteárico (C18:0)	Otros	Ácido oleico (C18:1)	Ácido linoleico (C18:2)	Ácido alfa-linolénico (C18:3)
Coco	9	3	80	6	2	-
Girasol	7	5	-	19	68	1
Oliva	13	3	-	71	10	1
Palma	45	4	1	40	10	-
Soja	11	4	-	24	54	7

La acidez de un aceite comestible (valor expresado en grados (°) que se indica en la etiqueta y que suele tener valores de $0.2°$ para el aceite de girasol, $<2°$ para el aceite de oliva virgen y $<0.8°$ para el aceite de oliva virgen extra) indica la cantidad de ácidos grasos libres (ácidos grasos que ya no forman parte de los triglicéridos) que están presentes en el aceite (expresado como los gramos de ácido oleico por cada 100 g de aceite).

2.4. Tipos de combustión

La combustión puede ser completa o incompleta dependiendo de la cantidad de oxígeno presente. Cuando se produce la combustión completa, todos los átomos de carbono en el combustible (tanto diésel como biodiésel) se convierten en moléculas de dióxido de carbono (CO_2). Asimismo, los átomos de hidrógeno enlazados a los átomos de carbono se convierten en vapor de agua (H_2O).

- **Combustión completa**

  Combustible + Oxígeno → Dióxido de carbono + Agua + Energía

  ° Combustión completa del diésel

  $$C_{12}H_{24} + 36\ O_2 \rightarrow 12\ CO_2 + 12\ H_2O + E$$
  Diésel + Oxígeno → Dióxido de carbono + Agua + Energía

  ° Combustión completa del biodiésel

$$
\begin{array}{c}
\quad\ \ H \qquad\ \ O \\
\quad\ \ | \qquad\ \ \| \\
H - C - O - C - R^* + O_2 \rightarrow CO_2 + H_2O + E \\
\quad\ \ | \\
\quad\ \ H
\end{array}
$$

  Biodiésel + Oxígeno → Dióxido de carbono + Agua + Energía

*R representa la cadena hidrocarbonada, cuya longitud varía dependiendo de la materia prima utilizada para la producción del biocombustible (en todo caso, tiene más de 10 carbonos).

Cuando la combustión es incompleta (debido a la falta de oxígeno), se generan otros productos en lugar del CO_2 y H_2O, como son el monóxido de carbono (CO) y las partículas de carbón (hollín).

- **Combustión incompleta**

  Combustible + Oxígeno → CO_2 + CO + H_2O + Hollín + Energía

La combustión incompleta es un proceso habitual, tal y como se observa en los múltiples casos que ocurren de envenenamiento por inhalación de monóxido de carbono debido a estufas de pobre combustión o en las fogatas, donde la quema de biomasa genera una gran cantidad de partículas u hollín.

3. Descripción del material y reactivos

3.1. Producción de biodiésel a partir de aceite vegetal

- 1 Embudo de decantación (250 mL)
- 1 Embudo
- 1 Probeta (50 mL)
- 1 Probeta (250 mL)
- 1 Vaso de precipitados (100 mL)
- 1 Espátula
- 1 Soporte
- 1 Aro metálico
- 1 Nuez doble
- 1 Baño termostático
- 1 Frasco lavador

- ► Aceite de girasol
- ► Metanol (CH_3OH (l))
- ► Hidróxido de potasio (KOH (s))

IMPORTANTE

Tanto el aceite de girasol como el metanol están disponibles dentro del baño termostático a 50 °C para favorecer la formación de producto (velocidad de reacción y equilibrio termodinámico). No se aconseja trabajar a temperaturas superiores porque la temperatura de ebullición a presión ambiental del metanol es de aprox. 65 °C.

A continuación, en la **Tabla 3** se indica la densidad y/o masa molar de los reactivos y productos que forman parte de esta práctica.

Tabla 3. Especificaciones de los reactivos y productos de la reacción de transesterificación.

Compuesto	Fórmula	Densidad (g/L) (a 20 °C)
Aceite de girasol	-	902.5
Metanol	CH_3OH	791.8
Biodiésel	-	870-880*
Glicerol	$C_3H_8O_3$	1261
Hidróxido de potasio	KOH	2040

*Dato correspondiente a un biodiésel producido a partir de aceite de girasol.

3.2. Rendimiento de la reacción de transesterificación – Ensayo 27/3

- 1 Pipeta graduada (10 mL)
- 1 Pera succionadora
- 1 Tubo Falcon®
- 2 Vasos de precipitados (100 mL)

- ► Biodiésel – Obtenido en el *Apartado 3.1.*
- ► Metanol (CH$_3$OH (*l*))

3.3. Poder calorífico del diésel comercial

- 1 Lata de aluminio vacía
- 2 Varillas de vidrio
- 1 Soporte
- 1 Aro metálico
- 2 Nueces dobles
- 1 Probeta (100 mL)
- 1 Embudo
- 1 Lámpara de alcohol
- 1 Vaso de precipitados (100 mL)
- 1 Trozo de mecha
- 1 Trozo de aluminio
- 1 Pinza tres dedos
- 1 Termómetro
- 1 Encendedor
- 1 Frasco lavador

- ► Diesel comercial (*l*)
- ► Agua desionizada (ρ (25 °C)) = 0.9973 g/mL

4. Descripción del procedimiento experimental

4.1. Producción del biodiésel a partir de aceite vegetal

Para producir biodiésel es necesario preparar previamente la disolución catalizadora de metanol, esto es, la mezcla de metanol (CH_3OH) e hidróxido de potasio (KOH). Con el objetivo de estudiar la influencia de la cantidad de catalizador en la reacción de transesterificación se plantean los experimentos detallados en la **Tabla 4**.

Tabla 4. Disoluciones de CH_3OH + KOH para reaccionar con el aceite de girasol.

Ensayo	$V_{metanol}$ (mL)	m_{KOH} (g)
1	30	1.0 % (en masa) del aceite de girasol
2	30	0.5 % (en masa) del aceite de girasol
3	30	0.1 % (en masa) del aceite de girasol

RECOMENDACIÓN

Se propone asignar de forma aleatoria uno de los 3 ensayos a cada estudiante.

- Revisar el estado y limpieza del material. En el caso de que esté sucio, LIMPIARLO.
- La disolución catalizadora de metanol se prepara en el vaso de precipitados de 100 mL. El hidróxido de potasio (KOH) debe disolverse casi por completo en metanol (CH_3OH), de modo que ninguna partícula debe permanecer visible excepto las partículas con un tamaño similar a la arena. El CH_3OH se vierte en el interior del vaso de precipitados con la ayuda de la probeta de 50 mL.

El KOH es una base fuerte muy higroscópica, esto es, absorbe la humedad del ambiente con gran facilidad. Por lo tanto, la masa de KOH debe pesarse lo más rápido posible directamente en el vaso de precipitados.

- Tomar con la ayuda de la probeta 150 mL de aceite de girasol a 50 °C.
- Verter el aceite de girasol y la disolución catalizadora de metanol dentro del embudo de decantación con la ayuda del embudo. Antes de verter ambos líquidos, se debe comprobar que la salida del embudo de decantación está cerrada.
- Agitar vigorosamente y con cuidado el embudo de decantación durante 12 min. Se debe anotar cómo evoluciona la mezcla en el interior del embudo de decantación: color, brillo, viscosidad, homogeneidad, etc.
- Colocar el embudo de decantación en posición vertical sujetándolo al soporte con la ayuda del aro metálico y dejar que la mezcla repose durante al menos 60 min.

4.1.1. Gestión de residuos

Los residuos generados durante la etapa de producción de biodiésel a partir de aceite de girasol son muy específicos (disolución de KOH + CH_3OH, aceite de girasol, biodiésel y glicerol), por lo que se recomienda asignar una garrafa específica para la recogida conjunta de este tipo de residuos.

4.2. Rendimiento de la reacción de transesterificación – Ensayo 27/3

4.2.1. Estado de la reacción de transesterificación

- Una vez transcurridos 60 min (*Apartado 4.1.*), fotografiar el contenido del embudo de decantación (**Figura 2**).

Figura 2. Ejemplo de la evolución del aspecto del contenido del embudo de decantación debido al avance de la reacción de transesterificación empleando un 1.0 % de catalizador: estado inicial (izda.) y tras 60 min (dcha.).

- Comprobar la presencia de biodiésel y glicerol. Anotar el color y la altura de cada una de las dos fases.

RECOMENDACIÓN

Comparar el resultado con aquéllos obtenidos empleando otras concentraciones de KOH en la disolución catalizadora.

4.2.2. Rendimiento de la reacción de transesterificación

Es posible estimar el rendimiento de la reacción de transesterificación (formación de biodiésel) comprobando si queda aceite de girasol sin reaccionar en el interior del embudo de decantación. Para ello, una pequeña muestra del biodiésel producido ($V_{biodiésel}$ = 3 mL) se pone en contacto con metanol ($V_{metanol}$ = 27 mL) y se agita la mezcla vigorosamente. En caso de haber aceite de girasol sin reaccionar en la muestra de biodiésel, dicho aceite vegetal reacciona con el exceso de metanol adicionado, desplazando la reacción hacia los productos, esto es, formando más biodiésel y glicerol (Z. Waickman, *Biodiesel Labs – Teacher Manual with Student Documents*, Loyola University Chicago (2017)). Debido a su mayor densidad, el glicerol formado se acumula en forma de gotas en el fondo del recipiente empleado (**Figura 3**).

A continuación, se indican los pasos a seguir para la realización del ensayo 27/3:

- Verter 27 mL de CH$_3$OH a temperatura ambiente dentro de un tubo Falcon® graduado con la ayuda de un vaso de precipitados.
- Tomar 3 mL de biodiésel producido de la parte superior del embudo de decantación con la ayuda de la pipeta, verterlos en el tubo Falcon® y cerrar el recipiente.
- Agitar vigorosamente la mezcla durante 2 min.
- Trasvasar el contenido del tubo Falcon® a un vaso de precipitados y dejar reposar la mezcla hasta que desaparezca la turbidez (aprox. 5 min).
- Comprobar la presencia de glicerol en el fondo de vasos de precipitados y fotografiar el resultado (**Figura 3**).

Figura 3. Ejemplo de la generación de glicerol en una muestra de biodiésel producida a partir de la mezcla de aceite de girasol + metanol + KOH (1.00 %).

RECOMENDACIÓN

Comparar el resultado con aquéllos obtenidos empleando otras concentraciones de KOH en la disolución catalizadora.

4.2.3. Gestión de residuos

Se recomienda verter los residuos generados durante el ensayo 27/3 en la garrafa específica mencionada en el *Apartado 4.1.1*.

4.3. Poder calorífico del diésel comercial

El poder calorífico de un combustible se define como la cantidad de energía desprendida durante la reacción de combustión, referida a la unidad de masa de combustible.

En este experimento se calcula la energía liberada durante la combustión de diésel comercial. Se analiza el resultado obtenido tanto desde el punto de vista energético como desde el punto de vista medioambiental (generación de residuos, olores, tipo de combustión, etc.).

4.3.1. Preparación del montaje de combustión mediante lámpara de alcohol

- Pesar la lata de refresco vacía. Anotar la masa.
- Verter en el interior de la lata 300 mL de agua con la ayuda de la probeta y del embudo. Pesar la lata con agua y calcular la masa del agua.
- Colocar la lata suspendida del aro metálico atravesando la anilla con una varilla de vidrio. El agujero de la lata debe quedar accesible, ya que a través de este orificio se introduce el termómetro para monitorizar la temperatura (**Figura 4**).
- Verter 30 mL de diésel a temperatura ambiente en el vaso de precipitados con ayuda de la probeta. Introducir la mecha y empaparla.
- Escurrir cuidadosamente la mecha y verter el diésel en la lámpara de alcohol.
- Colocar la pieza metálica en la boca de la lámpara e introducir la mecha, de modo que ésta quede erguida. El extremo de la mecha disponible para la combustión debe ser lo suficientemente largo (aprox. 2 cm) para garantizar una llama constante durante todo el experimento.
- Pesar el montaje completo sin olvidar la tapa. Anotar la masa.
- Colocar la lámpara debajo de la lata de aluminio. Comprobar que la distancia entre el extremo de la mecha y el fondo de la lata es de aprox. 3-4 cm (**Figura 4**).

Figura 4. Montaje experimental para determinar el poder calorífico
de la muestra de diésel comercial.

4.3.2. Procedimiento experimental

* Introducir el termómetro en el interior de la lata y anotar la temperatura del agua. El termómetro debe estar sumergido en el agua sin tocar las paredes ni el fondo del recipiente. Para ello, fijar el termómetro con la ayuda de 1 pinza tres dedos unida al soporte.
* Encender la lámpara de alcohol y anotar la temperatura cada 15 s hasta que se produzca un incremento en la temperatura del agua de 25 °C (**Tabla 5**). Anotar las características de la combustión: color de la llama, presencia de humos, etc.

Tabla 5. Incremento de la temperatura del agua debido a la combustión de diésel comercial.

Tiempo (s)	0	15	30	45	60	75	90	...	t_f
Temperatura (°C)	T_1	T_2	T_3	T_4	T_5	T_6	T_7	...	T_f (T_1 + 25 °C)

* Retirar la lámpara de alcohol y apagar la mecha colocando la tapa. Dejar enfriar el conjunto.
* Agitar el agua del interior de la lata de aluminio con la ayuda de una varilla de vidrio para homogeneizar la temperatura del líquido y anotar la temperatura máxima registrada.
* Pesar nuevamente el montaje completo y calcular la masa de diésel comercial consumida durante la combustión.

4.3.3. Gestión de residuos

Los residuos generados durante el ensayo para calcular el poder calorífico del diésel comercial deben gestionarse como:

- El diésel remanente contenido en la lámpara de alcohol puede ser reutilizado.
- La mecha se lava con agua y se seca en la estufa a ~105 °C para poder reutilizarla.
- La lata de aluminio se vacía y se limpia para poder reutilizarla. En caso contrario, se deposita (vacía y limpia) en el contenedor de envases y embalajes (contenedor amarillo).

CUESTIONARIO

1. Producción de biodiésel a partir de aceite de girasol

1.1. En el guion de la práctica se indica la proporción de hidróxido de potasio (KOH) que debe adicionarse para producir biodiésel. Teniendo en cuenta que se emplean 150 mL de aceite de girasol (y la densidad de este reactivo (**Tabla 3** del guion)), calcular qué masa de KOH (expresada en g) debe emplearse en cada uno de los 3 posibles ensayos.

Datos
- El KOH empleado como reactivo tiene una pureza del 85 %.
- **Ensayo 1**: 1.00 % KOH (en masa) del total de aceite de girasol.
- **Ensayo 2**: 0.50 % KOH (en masa) del total de aceite de girasol.
- **Ensayo 3**: 0.10 % KOH (en masa) del total de aceite de girasol.

1.2. Insertar una foto del embudo de decantación tras 60 min de cada uno de los 3 ensayos realizados. Señalar en las fotos a qué compuesto corresponde cada fase formada dentro del embudo. Indicar las condiciones de ensayo con las que se obtiene un mayor rendimiento en la reacción de transesterificación. Explicar razonadamente si un aumento del tiempo de reacción repercute en los resultados obtenidos.

2. Rendimiento de la reacción de transesterificación – Ensayo 27/3

2.1. Insertar una foto del fondo del vaso de precipitados de cada uno de los 3 ensayos realizados. Comparar los resultados obtenidos y explicar razonadamente a qué es debida la presencia de gotas de glicerol.

3. Poder calorífico del diésel comercial

3.1. Representar gráficamente con la ayuda de un programa informático (no manualmente) la temperatura del agua (°C) frente al tiempo (s) para la combustión del diésel comercial. Indicar si el incremento de la temperatura con el tiempo es lineal. Responder razonadamente agregando para ello la línea de tendencia empleando la regresión lineal. Indicar la ecuación y el coeficiente de determinación del modelo seleccionado en la propia figura.

3.2. Tabular los datos obtenidos durante la realización del experimento para poder calcular el poder calorífico del diésel comercial (**Tabla 1**).

Datos

- Considerar la temperatura máxima registrada como la temperatura final del ensayo.
- Calor específico del agua líquida (C_{agua}): 17.992 cal/(mol·°C)

Tabla 1. Resultados experimentales para determinar el poder calorífico del diésel comercial.

Agua		Diésel comercial	
Masa H_2O (g)		Masa combustible inicial (g)	
$T_{inicial\ H_2O}$ (°C)		Masa combustible final (g)	
$T_{final\ H_2O}$ (°C)		Masa consumida (g)	

3.3. Calcular la energía absorbida por el agua (ΔH_{H2O}). Indicar los cálculos realizados y el resultado final expresado en J.

3.4. Calcular el poder calorífico del diésel comercial. Indicar los cálculos realizados y el resultado final expresado en J/g.

3.5. Calcular el error relativo del poder calorífico experimental del diésel comercial si se compara con el valor indicado por el INSHT (Instituto Nacional de Seguridad e Higiene en el Trabajo) (**Tabla 2**).

Tabla 2. Error relativo del poder calorífico experimental del diésel comercial.

Poder calorífico (MJ/kg)	INSHT	Experimental	Error relativo
Diésel/Gasóleo	42.0		

3.6. Explicar las diferencias entre biocombustibles de primera y segunda generación.

TEST DE EVALUACIÓN

1. Con el objetivo de apagar la mecha de la lámpara de alcohol tras finalizar la combustión del diésel comercial para determinar su poder calorífico...
   A. Se emplea agua.
   B. Se sopla suavemente.
   C. Se sumerge la mecha en el líquido contenido en el interior de la lámpara.
   D. Se coloca la tapa de la lámpara.

2. En la reacción de transesterificación de un aceite vegetal para obtener biodiésel, la relación molar estequiométrica de los reactivos es 3:1 (metanol:aceite vegetal). Sin embargo, en la industria se emplea una relación 6:1 para...
   A. Agotar el metanol.
   B. Desplazar el equilibrio de la reacción hacia los reactivos.
   C. Acelerar la reacción.
   D. Aumentar el grado de conversión del aceite vegetal.

3. El hidróxido de potasio (KOH) es un catalizador _____ que se emplea para _____ la reacción de transesterificación, y se necesita al menos una cantidad igual al _____.
   A. ácido; acelerar; 1 % (en masa) del total del aceite vegetal
   B. básico; aumentar el rendimiento de; 1 % (en volumen) del total del aceite vegetal
   C. básico; acelerar; 1 % (en masa) del total del aceite vegetal
   D. ácido; aumentar el rendimiento de; 1 % (en volumen) del total del aceite vegetal

4. **El hidróxido de potasio (KOH) es una sustancia _____, por lo que la medida de su masa en la balanza debe hacerse lo más rápidamente posible.**

   A. higroscópica

   B. volátil

   C. básica

   D. exotérmica

5. **La reacción de transesterificación entre el aceite de girasol y el metanol se realiza a 50 °C, ya que...**

   A. A mayores temperaturas, el metanol alcanza su temperatura de ebullición.

   B. A mayores temperaturas, el aceite vegetal se degrada aumentando su concentración de ácidos grasos libres (ácidos grasos que ya no forman parte de los triglicéridos).

   C. Se pretende mejorar la miscibilidad de la mezcla.

   D. Se pretende favorecer la formación de productos al tratarse de una reacción exotérmica.

6. **Tras completar la reacción de transesterificación en el embudo, y después de al menos 60 min de decantación, se obtienen 2 fases:**

   A. Fase superior biodiésel (menos densa y soluble en agua), fase inferior glicerol (más densa e insoluble en agua).

   B. Fase superior biodiésel (más densa e insoluble en agua), fase inferior glicerol (menos densa y soluble en agua).

   C. Fase superior glicerol (menos densa) y fase inferior biodiésel (más densa).

   D. Fase superior biodiésel (menos densa e insoluble en agua), fase inferior glicerol (más densa y soluble en agua).

7. **En el ensayo 27/3, esto es, en la prueba para comprobar el rendimiento de la reacción de transesterificación...**

    A. Aquellas personas que hayan utilizado 1.00 % de catalizador obtienen más glicerol que en el caso del 0.50 %.

    B. Se forman gotas adicionales de biodiésel que son visibles en el fondo del vaso de precipitados.

    C. No se forma nada porque se está mezclando uno de los reactivos con uno de los productos de la reacción de transesterificación.

    D. Aquellas personas que hayan utilizado 0.50 % de catalizador obtienen más glicerol que en el caso del 1.00 %.

8. **Seleccionar la respuesta correcta.**

    A. Durante el ensayo 27/3, se toma un pequeño volumen de metanol (3 mL) y se mezcla con un exceso del biodiésel producido (27 mL) y se agita la mezcla vigorosamente.

    B. Se emplea una disolución catalizadora (disolución acuosa de KOH) de diferentes concentraciones (1.0 %, 0.5 % y 0.1 %) con el objetivo de estudiar la influencia de la cantidad de catalizador en la reacción de transesterificación.

    C. Durante el ensayo 27/3, se toma una pequeña muestra del biodiésel producido (3 mL) y se mezcla con un exceso de metanol (27 mL) y se agita la mezcla vigorosamente.

    D. Si se compara una reacción de transesterificación catalizada con KOH y otra sin catalizador, tras 1 h de ensayo se obtiene el mismo rendimiento ya que el catalizador solo afecta a la velocidad de reacción.

9. **Durante la determinación del poder calorífico del diésel comercial...**

   A. No se tiene en cuenta la cantidad de energía que puede absorber las paredes de la lata.

   B. Se mide el aumento de temperatura del líquido contenido en el interior de la lata hasta alcanzar los 25 °C.

   C. Se mide la masa del líquido contenido en el interior de la lata tras la combustión para calcular la masa evaporada por efecto del calor aportado.

   D. Se introduce metanol en la lámpara de alcohol y diésel comercial en la lata.

10. **La lata empleada para la determinación del poder calorífico del diésel comercial...**

    A. Se trata de un residuo no peligroso y puede reutilizarse o reciclarse depositándola en el contenedor amarillo.

    B. Se degrada, por lo que debe gestionarse como residuo peligroso y depositarse en contenedor de *sólidos inorgánicos*.

    C. Está contaminada por lo que debe gestionarse como residuo peligroso y depositarse en el contenedor de *sólidos inorgánicos*.

    D. Es un residuo peligroso que se clasifica como *residuo especial* y debe depositarse en su contenedor correspondiente.

4 Síntesis de biopolímeros

1. Objetivos

En esta práctica se sintetizan biopolímeros basados en almidón. Además, se analiza el efecto de la adición del glicerol (aditivo) en los biopolímeros sintetizados.

- Comprender el método para sintetizar un biopolímero.
- Estudiar la variación en las propiedades físico-químicas de un biopolímero causadas por la adición de un plastificante.

2. Conocimientos previos

2.1. Biopolímeros

Los plásticos son polímeros de elevada masa molecular, esto es, moléculas gigantes formadas por numerosas unidades repetidas y combinadas en agregados. Actualmente, son uno de los mayores contaminantes tanto del agua como del suelo e incluso del aire (sobre todo cuando son incinerados).

A pesar del largo tiempo que necesitan para desintegrarse (p. ej., una botella de plástico tarda en promedio 500 años en desintegrarse, aunque este tiempo puede prolongarse aún más si la botella se halla enterrada), los polímeros fabricados a partir de combustibles fósiles son uno de los materiales más utilizados por la sociedad. Desde su producción a gran escala a mediados del siglo veinte, se han generado 8300 millones de toneladas de este material. De ellas, más de 6300 millones se han convertido en residuos. Lamentablemente, 5700 millones de toneladas de esos residuos no han pasado nunca por un contenedor de reciclaje (L. Parker, *National Geographic* (June 2018)).

Por el contrario, se prevé un gran cambio en los próximos años, ya que se espera que dejen de producirse polímeros fabricados a partir de combustibles fósiles, aumente considerablemente la fracción reciclada y que los polímeros fabricados provengan de fuentes renovables (biopolímeros).

La progresiva concienciación ambiental junto con las nuevas políticas ambientales han derivado en la búsqueda de múltiples alternativas a los polímeros provenientes del petróleo, siendo los biopolímeros una de las soluciones más prometedoras. Un ejemplo de ello es el Real Decreto 293/2018 sobre reducción del consumo de bolsas de plástico de un solo uso, en el cual figura que "a partir del 1 de enero de 2021 se prohíbe, la entrega de bolsas de plástico ligeras y muy ligeras al consumidor en los puntos de venta de bienes o productos, excepto si son de plástico compostable".

Dentro del grupo de los biopolímeros, unos de los más conocidos son los biopolímeros derivados del almidón ya que son los más empleados para la fabricación de bolsas compostables.

2.2. ¿Qué es el almidón?

El almidón es un nutriente contenido en los alimentos de origen vegetal y está clasificado como hidrato de carbono. Atendiendo a su estructura, el almidón es una macromolécula formada por millones de unidades repetidas de glucosa (monosacárido) unidas entre sí (**Figura 1**).

Figura 1. Molécula de glucosa ($C_6H_{12}O_6$).

En el almidón, tal y como se muestra en la **Figura 2**, las moléculas de glucosa se agrupan de dos formas diferentes dando lugar a 2 tipos de polímeros: la amilosa (un polisacárido lineal) y la amilopectina (un polisacárido con una estructura muy ramificada). La proporción de uno y de otro difiere en función de la materia prima de la que se obtiene el almidón pero en general, el porcentaje de amilosa es ~20 % y el de amilopectina ~80 %, aunque puede haber excepciones. Por ejemplo, en el caso de la patata, el almidón supone alrededor de un 18 %, siendo el ~25 % amilosa y el ~75 % amilopectina.

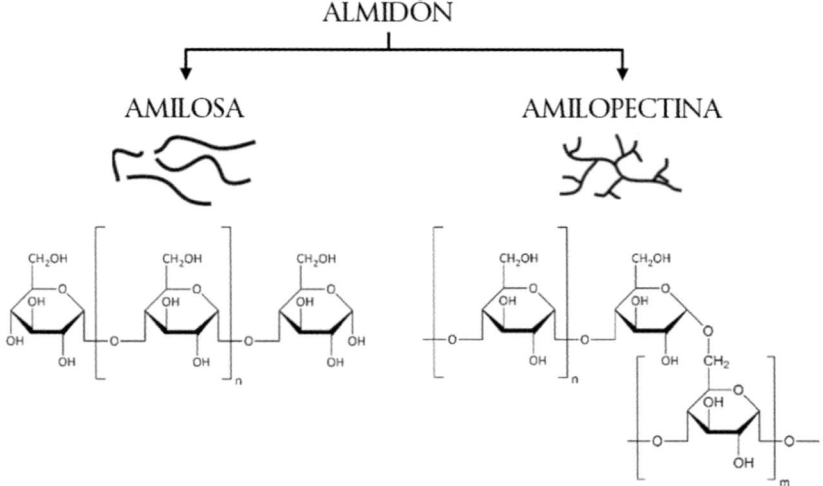

Figura 2. Moléculas de amilosa (izda.) y amilopectina (dcha.).

Las cadenas de amilosa y amilopectina del almidón se entrelazan mediante puentes de hidrógeno dando lugar a una estructura 3D helicoidal semicristalina (con partes amorfas, amilosa, y partes cristalinas (ordenadas), amilopectina). El almidón es insoluble en agua fría pero al aumentar la temperatura se hidrata dando lugar a un proceso de hinchamiento denominado gelatinización. La temperatura de gelatinización depende de la composición de cada almidón (proporción entre amilosa y amilopectina) y normalmente sucede en un amplio intervalo de temperaturas.

Para poder obtener un biopolímero a partir del almidón es necesario romper esa morfología granular mediante agitación y calor.

2.3. Síntesis de biopolímeros a partir de almidón

El mecanismo de síntesis para obtener biopolímeros a partir del almidón implica una serie de reacciones tanto químicas como físicas englobadas en un proceso denominado gelatinización. Es un proceso endotérmico ya que requiere energía para que suceda, y por ello es necesario aplicar temperatura durante el proceso. En primer lugar, se añade agua al almidón y se calienta la mezcla. Durante esta primera etapa se produce la difusión del almidón en el agua, después los gránulos de almidón se van hinchando y comienza el proceso de gelatinización. A medida que la temperatura asciende, la viscosidad también va aumentando hasta llegar a un punto de máxima viscosidad tras el cual los gránulos se rompen ($T_{descomposición}$). Una vez alcanzado este punto, el proceso es irreversible ya que se destruye la estructura granular del almidón. Transcurrido un tiempo, se considera que el proceso de gelatinización ha finalizado. Finalmente, mediante una etapa de enfriamiento, las cadenas poliméricas se reestructuran dando lugar al polímero deseado.

En esta práctica, el proceso de gelatinización se realiza mediante una hidrólisis ácida. Así, se añade ácido clorhídrico (HCl) al agua para que el ácido rompa los enlaces ramificados de la amilopectina, convirtiendo las cadenas resultantes en amilosa. Posteriormente, durante la etapa de enfriamiento, todas las cadenas de amilosa se reorganizan formando un biopolímero con una estructura ordenada.

3. Descripción del material y reactivos

3.1. Extracción del almidón de la patata

- 1 Probeta (100 mL)
- 1 Vaso de precipitados de vidrio (600 mL)
- 1 Vaso de precipitados de plástico (2 L)
- 1 Vaso de precipitados de plástico (1 L)
- 1 Pipeta de Pasteur
- 1 Pelador
- 1 Rallador
- 1 Colador
- 1 Frasco lavador

▸ Patata (o cualquier alimento con almidón)
▸ Agua

3.2. Fabricación de biopolímero a partir del almidón

- 1 Vaso de precipitados de vidrio (400 mL)
- 1 Espátula
- 1 Varilla de vidrio
- 1 Probeta (50 mL)
- 2 Pipetas graduadas (5 mL)
- 1 Pipeta de Pasteur graduada

- 1 Pera succionadora o aspirador manual para pipetas
- 2 Placas de Petri (ø 90 mm)
- 1 Placa calefactora/agitadora
- 1 Imán + varilla recoge imanes
- 1 Estufa
- 1 Frasco lavador

- ► Almidón (obtenido en el *Apartado 3.1.*)
- ► Glicerol ($C_3H_8O_3$ (*l*))
- ► Disolución de ácido clorhídrico (HCl (*aq*)) 1.0 M
- ► Disolución de sodio hidróxido (NaOH (*aq*)) 1.0 M
- ► Agua desionizada

RECOMENDACIÓN

Si no se dispone del tiempo suficiente para realizar la extracción del almidón o el almidón obtenido no es suficiente para la síntesis del biopolímero, se puede emplear, por ejemplo, almidón de maíz comercial.

OBLIGATORIO

La bata bien abrochada y las gafas de seguridad puestas en todo momento.

4. Descripción del procedimiento experimental

Se sintetizan 2 biopolímeros con diferentes propiedades variando uno de los reactivos (glicerol) durante el proceso de fabricación. En primer lugar, se extrae el almidón (materia prima) de la patata para después emplearlo en la síntesis de los biopolímeros.

4.1. Extracción del almidón de la patata

- Revisar el estado y limpieza del material. En el caso de que esté sucio, LIMPIARLO.
- Rallar una patata (es recomendable que esté pelada) hasta obtener una cantidad de 300 g y depositarla en el vaso de precipitados de 1 L.
- Añadir un volumen equivalente de agua (~300 mL) y amasar la mezcla a conciencia (**Figura 3**). Homogeneizar la mezcla para favorecer la separación de las fibras, proteínas y grasas del almidón.
- Filtrar la mezcla obtenida con la ayuda de un colador sobre un vaso de precipitados de 2 L.
- Transferir el sólido (patata rallada) retenido en el colador al vaso de precipitados de 1 L, añadir otra vez el mismo volumen de agua y repetir el proceso de extracción manual del almidón a fin de aumentar la eficiencia del proceso de extracción.
- Filtrar nuevamente la mezcla sobre el vaso de precipitados de 2 L que contiene la disolución filtrada de la primera extracción.
- Transferir todo el filtrado al vaso de precipitados de 600 mL y dejar decantar el almidón extraído durante 10 min hasta formar un precipitado (pasta blanca) en el fondo del mismo.
- Eliminar cuidadosamente la mayor parte del agua evitando que la fase sólida se resuspenda, empleando una pipeta de Pasteur para quitar el agua remanente.
- Añadir 100 mL de agua desionizada y agitar la mezcla para limpiar completamente el almidón.
- Volver a dejar reposar la mezcla hasta conseguir nuevamente una separación nítida de las fases (agua y almidón) (**Figura 3**).
- Eliminar nuevamente el agua presente en el vaso de precipitados.

Figura 3. Proceso de extracción del almidón: rallado de la patata (izda.), extracción del almidón mediante amasado (centro izda.), decantación y limpieza (centro dcha.), y recuperación del almidón (dcha.).

4.1.1. Gestión de residuos

Las mondas de patata acumuladas durante la extracción del almidón son residuos orgánicos y deben depositarse en el contenedor marrón correspondiente. El agua empleada para extraer y lavar el almidón no es un residuo peligroso y, por lo tanto, puede verterse por la fregadera.

4.2. Preparación de biopolímero sin aditivo plastificante

- Pesar 4 g del almidón extraído en el *Apartado 4.1.* en un vaso de precipitados de 400 mL.

RECOMENDACIÓN

Si no se elimina completamente el agua sobrenadante, es recomendable secar el almidón en la estufa a ~40 °C para evaporar el agua residual y no cometer un error de pesada.

- Verter 40 mL de agua y 5 mL de ácido clorhídrico (HCl) 1.0 M al vaso de precipitados que contiene los 4 g de almidón y homogeneizar la mezcla con una varilla de vidrio.
- Calentar (~70 °C) y agitar la mezcla en una placa calefactora/agitadora hasta obtener una mezcla transparente y viscosa (es fundamental que la mezcla no se seque por completo) (**Figura 4**).

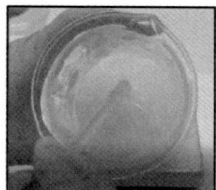

Figura 4. Aspecto del biopolímero obtenido tras el proceso de gelatinización del almidón de la patata mediante hidrólisis ácida.

- Comprobar el pH de la muestra con papel indicador. Si el pH es ácido (pH < 7), se debe neutralizar la mezcla mediante la adición de hidróxido de sodio (NaOH) 1.0 M con la ayuda de una pipeta. Añadir el volumen necesario y homogeneizar la mezcla hasta comprobar nuevamente con papel indicador que el pH de la mezcla es neutro (pH = 7).

RECOMENDACIÓN

Añadir la disolución de NaOH poco a poco en pequeñas cantidades y agitar la mezcla para evitar una subida repentina de pH y sobrepasar el valor neutro.

- A modo decorativo, se pueden añadir 1 o 2 gotas de colorante alimentario para proporcional al biopolímero el color deseado. Extender la mezcla sobre una placa de Petri correctamente identificada (responsable, fecha y tipo de muestra).
- Introducir la placa de Petri en la estufa a ~40 °C hasta que se seque completamente (aprox. 24 h)
- Extraer la placa de Petri de la estufa y retirar el film obtenido (**Figura 5. izda.**).

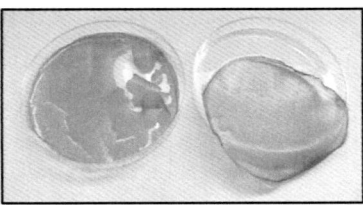

Figura 5. Aspecto final de las muestras de biopolímero
sin (izda.) y con plastificante (dcha.).

4.3. Preparación de biopolímero con aditivo plastificante

- Pesar 4 g del almidón extraído en el *Apartado 4.1.* en un vaso de precipitados de 400 mL.

RECOMENDACIÓN

Si no se elimina completamente el agua sobrenadante, es recomendable secar el almidón en la estufa a ~40 °C para evaporar el agua residual y no cometer un error de pesada.

- Verter 40 mL de agua, 5 mL de ácido clorhídrico (HCl) 1.0 M y 3.5 mL de glicerol (con la ayuda de la pipeta de Pasteur) al vaso de precipitados que contiene los 4 g de almidón y homogeneizar la mezcla con una varilla de vidrio.
- Calentar la mezcla en una placa calefactora (~70 °C) sin dejar de agitar hasta obtener una mezcla transparente y viscosa (es fundamental que la mezcla no se seque por completo) (**Figura 4**).
- Comprobar el pH de la muestra con papel indicador. Si el pH es ácido (pH < 7), se debe neutralizar la mezcla mediante la adición de hidróxido de sodio (NaOH) 1.0 M con la ayuda de una pipeta. Añadir el volumen necesario y agitar la mezcla hasta comprobar nuevamente con papel indicador que el pH de la mezcla es neutro (pH = 7).

RECOMENDACIÓN

Añadir la disolución de NaOH poco a poco en pequeñas cantidades y agitar la mezcla para evitar una subida repentina de pH y sobrepasar el valor neutro.

- A modo decorativo, se pueden añadir 1 o 2 gotas de colorante alimentario para proporcional al biopolímero el color deseado. Extender la mezcla sobre una placa de Petri correctamente identificada (responsable, fecha y tipo de muestra).
- Introducir la placa de Petri en la estufa a ~40 °C hasta que se seque completamente (aprox. 24 h)
- Extraer la placa de Petri de la estufa y retirar el film obtenido (**Figura 5. dcha.**).

4.3.1. Gestión de residuos

Los residuos generados durante la síntesis de biopolímeros basados en almidón deben gestionarse como residuo orgánico (disolución sobrante de almidón), disolución inorgánica ácida (disolución sobrante de HCl) y disolución inorgánica alcalina (disolución sobrante de NaOH). Los residuos de papel indicador se depositan en el bidón de absorbentes, material de filtración.

CUESTIONARIO

1. Definir qué es un biopolímero, indicando en qué categorías pueden clasificarse los distintos biopolímeros. Nombrar algunos ejemplos de cada una de las categorías.

2. ¿Qué significa que un polímero sea biodegradable?

3. ¿Todos los biopolímeros son biodegradables? En caso negativo, indicar al menos 1 ejemplo (se debe incluir la fuente de información).

4. ¿Qué significa que los plásticos o polímeros sean reciclables?

5. Completar la **Tabla 1** con la información de 5 objetos fabricados en plástico que se encuentren en el hogar.

Tabla 1. Especificaciones de 5 objetos de plástico cotidianos.

Objeto	Tipo de plástico - RIC*	Reciclable (SI/NO)	Biodegradable (SI/NO)

*RIC: Código de identificación de resinas plásticas (ASTM International).

6. Insertar una foto de los 2 biopolímeros obtenidos. Indicar en la foto cuál de los materiales ha sido modificado con un plastificante. Explicar razonadamente qué diferencia ha provocado la adición de glicerol. Describir detalladamente las propiedades que tienen los dos polímeros sintetizados.

7. Explicar con tus propias palabras (sin copiar a otras personas ni transcribir literalmente de páginas de internet) las ventajas e inconvenientes de utilizar recursos agroforestales como materia prima para la producción de nuevos polímeros en comparación con los polímeros fabricados a partir de combustibles fósiles.

TEST DE EVALUACIÓN

1. **Durante la preparación del biopolímero con aditivo plastificante se genera un vapor tóxico. ¿Qué protocolos adicionales se deben seguir además de llevar los EPIs obligatorios?**
   A. Añadir el aditivo plastificante (glicerol) siempre antes del ácido empleado (HCl) para favorecer la hidrolisis.
   B. Ponerse las gafas de seguridad para evitar que el vapor entre en contacto con los ojos.
   C. Ponerse los guantes para evitar quemaduras químicas o irritación cutánea.
   D. Llevar a cabo la reacción dentro de la campana de gases después de haberla encendido.

2. **El almidón es un(a) _____ formada por millones de unidades de _____ unidas/os entre sí. Estas/os últimas/os se agrupan de 2 formas diferentes dando lugar a 2 tipos de _____: _____ y _____.**
   A. biopolímero; glucosa; hidratos de carbono; amilosa; amilopectina
   B. macromolécula; polímeros; monosacáridos; amilopectina; amilosa
   C. biopolímero; amilosa y amilopectina; polímeros; glucosa; sacarosa
   D. macromolécula; glucosa; polímeros; amilosa; amilopectina

3. **Durante la síntesis del biopolímero, se lleva a cabo un proceso denominado _____, de carácter _____, y se lleva a cabo mediante _____, de modo que se añade _____.**
   A. descomposición; exotérmico; gelatinización; HCl 1.0 M
   B. formación; endotérmico; hidrólisis básica; NaOH 1.0 M
   C. gelatinización; endotérmico; hidrólisis ácida; HCl 1.0 M
   D. hidrólisis; endotérmico; gelatinización; glicerol

4. **Cuando se añade glicerol al biopolímero, el glicerol actúa como un aditivo...**
   A. Plastificante.
   B. Neutralizador del pH.
   C. Catalizador.
   D. Estabilizador.

5. **El biopolímero sintetizado durante la práctica...**

   A. Debe gestionarse como residuo orgánico y, por lo tanto, debe verterse en el contenedor marrón.

   B. Debe gestionarse como residuo plástico y, por lo tanto, debe verterse en el contenedor amarillo.

   C. Al fabricarse en el laboratorio es un residuo peligroso y, por lo tanto, debe verterse en el bidón de *sólidos orgánicos*.

   D. Al fabricarse en el laboratorio es un residuo peligroso y, por lo tanto, debe verterse en el bidón de *material desechable contaminado*.

Cinética química

1. Objetivos

En esta práctica se estudian dos de los principales factores que afectan a la velocidad de las reacciones químicas.
* Concentración de los reactivos.
* Temperatura.

2. Conocimientos previos

Cuando se observa una ecuación química ajustada se pueden identificar los reactivos, los productos y la estequiometría de la reacción. Por otro lado, con la ayuda del equilibrio químico se conoce hasta qué punto sucede dicha reacción. Sin embargo, nada se dice acerca del tiempo que esa reacción necesita para que se produzca, ya que en ningún caso se ha considerado la variable del tiempo. No obstante, en la industria (y en los procesos biológicos) el tiempo es un factor determinante para que un determinado proceso pueda ser o no viable/rentable. La cinética química es la parte de la química que estudia la velocidad a la que una reacción se produce y los factores que afectan a la misma.

2.1. Velocidad de reacción

La velocidad de reacción se define como la cantidad de un reactivo (en moles (n_i)) que se transforma por unidad tiempo (t) y unidad de volumen (V) o como la cantidad de un producto que se forma por unidad de tiempo y unidad de volumen.

Para la reacción: $a \, \text{A} + b \, \text{B} \rightarrow c \, \text{C} + d \, \text{D}$

$$-r_A = -\frac{1}{V} \cdot \frac{dn_A}{dt}; \; -r_B = -\frac{1}{V} \cdot \frac{dn_B}{dt}; \; r_C = +\frac{1}{V} \cdot \frac{dn_C}{dt}; \; r_D = +\frac{1}{V} \cdot \frac{dn_D}{dt}$$

Donde r_i es la velocidad de reacción de cada uno de los compuestos. El volumen (V) puede corresponder al del propio reactor (reacciones en fase gaseosa) o al de la mezcla de reacción cuando esta no ocupe el total de la capacidad del reactor, como ocurre, por ejemplo, en las reacciones en fase líquida.

Con el objeto de utilizar un único valor para la velocidad de reacción, independientemente de la especie química de referencia, puede definirse la velocidad de reacción r mediante cualquiera de las expresiones indicadas en la siguiente ecuación:

$$r = -\frac{r_A}{a} = -\frac{r_B}{b} = +\frac{r_C}{c} = +\frac{r_D}{d}$$

Si suponemos que las reacciones tienen lugar en un recipiente cerrado de volumen constante, la velocidad se expresa como la derivada, respecto al tiempo, de la concentración de cualquier reactivo, $-\frac{d\,[A]}{dt}$ o $-\frac{d\,[B]}{dt}$, (con signo negativo, ya que su concentración va disminuyendo con el tiempo) o respecto a la formación de un producto, $+\frac{d\,[C]}{dt}$ o $+\frac{d\,[D]}{dt}$ (con signo positivo ya que su concentración va aumentando con el tiempo). Si la concentración de las especies se da en molaridad, las unidades de la velocidad de reacción serán $(\text{mol}/(\text{L·s}))$.

2.2. Ecuación de la velocidad de reacción

La ecuación de la velocidad de reacción relaciona la velocidad (r) con las concentraciones de uno o varios de los reactivos presentes elevados cada uno de ellos a distintas potencias, a través de una constante (k), llamada «constante de velocidad específica».

Para el caso de la reacción ($a \, \text{A} + b \, \text{B} \rightarrow c \, \text{C} + d \, \text{D}$) se puede expresar de la siguiente manera:

$$r = k \cdot [A]^{\alpha} \cdot [B]^{\beta}$$

donde α y β son exponentes que no se pueden predecir teóricamente (se determinan experimentalmente). α y β son casi siempre números enteros y se denominan «órdenes de reacción», α respecto al reactivo A, y β respecto al reactivo B. La suma de α y β recibe el nombre de orden total de la reacción. Si se observa la ecuación, se puede deducir que las unidades de la constante de velocidad específica dependen del orden total de la reacción.

IMPORTANTE

- Hay que tener cuidado de no confundir la velocidad de una reacción (r) con su constante de velocidad (k). Por lo general, la velocidad se expresa en unidades de mol/(L·s), mientras que las unidades de la constante de velocidad dependen del orden general de la reacción.
- Se debe tener claro que a partir de la ecuación química que describe la estequiometría de la reacción no es posible predecir ni la velocidad de reacción, ni el orden (parcial o total) de la reacción. Por lo tanto, los exponentes a los que aparecen elevadas las concentraciones de los reactivos en la ecuación de velocidad no tienen por qué coincidir con sus respectivos coeficientes estequiométricos.

2.3. Factores que afectan a la velocidad de reacción

En un sistema homogéneo (aquel donde los reactivos y productos están en el mismo estado de agregación), los factores que influyen sobre la velocidad de reacción son: la temperatura, la concentración de los reactivos, la naturaleza de los mismos y la presencia de catalizadores.

2.3.1. Temperatura

La constante de velocidad específica (k) definida en el *Apartado 2.2.*, varía con la temperatura de forma exponencial de acuerdo con la expresión:

$$k(T) = A_0 \cdot e^{\left(-\frac{E_a}{R \cdot T}\right)} \text{ (Ecuación de Arrhenius)}$$

- A_0 = Constante denominada factor preexponencial o factor de frecuencia.
- R = Constante universal de los gases (8.314 J/(mol·K))
- T = Temperatura absoluta (K)
- E_a = Energía de activación (J/mol). La energía de activación es la energía mínima necesaria para que, cuando se produce el choque entre partí-

culas de los reactivos, se rompan los enlaces de unión y se forme un producto intermedio denominado complejo activado. Este compuesto es el primer producto que se forma cuando reaccionan los reactivos y, a partir de él, la reacción puede dar lugar a los productos finales o bien retornar a los reactivos (**Figura 1**).

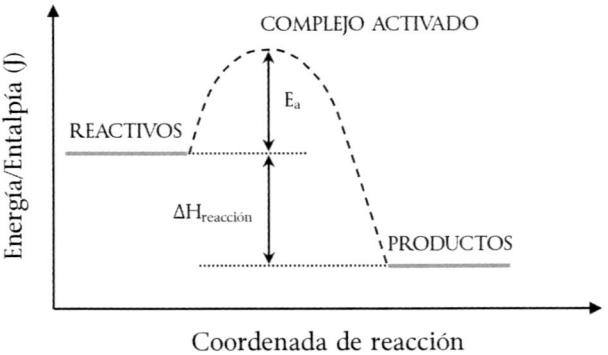

Figura 1. Diagrama entálpico (diagrama de energía) de una reacción química.

La ecuación, conocida como ecuación de Arrhenius, ha demostrado ser válida para representar el comportamiento de la constante de velocidad con la temperatura para la mayoría de las reacciones químicas y en un amplio intervalo de temperaturas. Esta ecuación resulta útil ya que relaciona de manera cuantitativa los términos de la temperatura, la energía de activación y la constante de velocidad. Si se realiza la integración de la ecuación de Arrhenius y se enuncia en forma logarítmica, se obtiene la siguiente expresión:

$$\ln k = -\frac{E_a}{R} \cdot \frac{1}{T} + \ln A_0$$

La representación gráfica de esta ecuación permite obtener la energía de activación, E_a, a partir de la recta resultante de representar $\ln k$ frente a $1/T$. De este modo, se puede determinar la energía de activación de una reacción mediante experimentos de velocidad a diferentes temperaturas.

2.3.2. Concentración de los reactivos

En la ecuación de velocidad descrita en el *Apartado 2.2.* se observa la dependencia que existe entre la velocidad de la reacción y la concentración de los reactivos. Únicamente en el caso de una cinética de orden 0, la concentración de los reactivos no tiene efecto sobre la velocidad de reacción. En el resto de los casos habituales (orden 1 y orden 2), conforme aumenta la concentración, aumenta la frecuencia de las colisiones de las moléculas del reactivo, lo que origina velocidades mayores.

2.3.3. Catalizadores

Los catalizadores son sustancias que actúan en pequeñas proporciones, modifican la velocidad de una reacción y al final del proceso son liberados y se recuperan intactos. El catalizador rebaja la E_a del complejo activado, normalmente formando un complejo activado de menor energía, de modo que el estado de transición lo alcancen un mayor número de partículas (**Figura 2**) y, por lo tanto, la reacción sucede más rápidamente.

Hay que tener en cuenta que los catalizadores no afectan a la cantidad de productos formados (equilibrio), simplemente lograrán que dicho equilibrio se alcance antes.

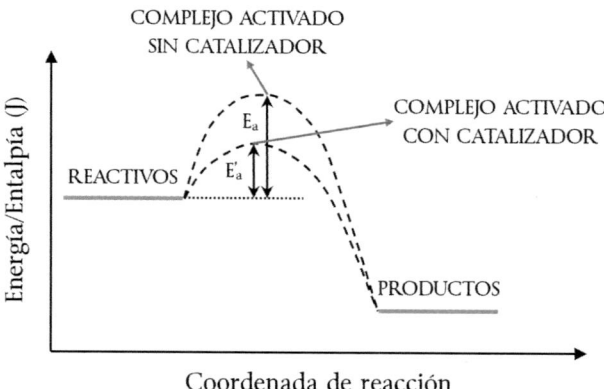

Figura 2. Diagrama de energía de la reacción
sin catalizador y con catalizador.

2.3.4. La naturaleza y el estado físico de los reactivos

La velocidad de una reacción va a depender del tipo de enlace que tengan los reactivos, ya que para formarse los productos deben romperse en primer lugar dichos enlaces. Así, las reacciones entre compuestos gaseosos suelen ser más rápidas que entre líquidos y sólidos, que suelen ser más lentas.

2.4. Medida de la absorbancia

El color de una determinada disolución depende de las longitudes de onda del espectro visible que son capaces de absorber los componentes de la muestra. Así, una disolución rosa tiene ese color porque las longitudes de onda asociadas al rosa son capaces de atravesar la disolución, mientras que el resto de las longitudes de onda son absorbidas por la propia disolución. Se puede usar un espectrofotómetro para cuantificar la luz absorbida por la muestra a diferentes longitudes de onda. Un espectrofotómetro permite irradiar una muestra con una luz de una longitud de onda específica y determinar la intensidad de la luz que emerge de la muestra.

La absorbancia (A), definida como la medida de la atenuación de una radiación al atravesar una sustancia, se expresa como el logaritmo de la relación entre la intensidad saliente y la entrante:

$$A = -\log\left(\frac{I}{I_0}\right)$$

donde I_0 es la intensidad de la luz antes de entrar a la muestra (intensidad de la luz incidente) y I es la intensidad de la luz con una longitud de onda específica tras haber atravesado la muestra (intensidad de la luz transmitida). Se trata de una variable adimensional.

A medida que la intensidad de luz que emerge de la muestra disminuye, la absorbancia aumenta. Por otro lado, la absorbancia está directamente relacionada con la concentración de la disolución y la distancia (camino óptico) a través de la cual debe pasar la luz. Esta relación se resume en la Ley de Beer:

$$A = \varepsilon \cdot b \cdot c$$

donde ε es la absortividad molar o el coeficiente de absorción molar (L/(mol·cm)). Este parámetro varía según la sustancia y la longitud de onda empleada; b es el camino óptico (o espesor de la cubeta) (cm); y c es la concentración de la disolución (mol/L).

Si se conoce tanto ε como b, es posible usar una medida de absorbancia para conocer la concentración de una disolución determinada.

3. Descripción del material y reactivos

3.1. Efecto causado por la variación de la concentración de los reactivos - método de las velocidades iniciales

- 4 Vasos de precipitados (100 mL)
- 1 Vidrio de reloj
- 1 Espátula
- 1 Varilla de vidrio
- 2 Matraces aforados (100 mL)
- 1 Bureta (50 mL)
- 1 Probeta (50 mL)
- 1 Probeta (100 mL)
- 1 Pipeta (10 mL)
- 1 Pera succionadora o aspirador manual para pipetas
- 1 Cronómetro
- 1 Frasco lavador

- ► Sodio tiosulfato pentahidratado ($Na_2S_2O_3 \cdot 5H_2O$ (s))
- ► Disolución de ácido clorhídrico (HCl (aq)) 0.1 M

3.2. Efecto causado por la variación en la temperatura

- 3 Vasos de precipitados (100 mL)
- 1 Matraz aforado (100 mL)
- 1 Vidrio de reloj
- 1 Espátula
- 1 Varilla de vidrio
- 2 Pipetas (10 mL)
- 6 Baños termostáticos
- 12 Matraces de Erlenmeyer
- 12 Aros estabilizadores para matraces
- 1 Pera succionadora o aspirador manual para pipetas
- 1 Cronómetro
- 1 Frasco lavador

- ► Sodio tiosulfato pentahidratado ($Na_2S_2O_3 \cdot 5H_2O$ (s))
- ► Disolución de ácido clorhídrico (HCl (aq)) 0.1 M

IMPORTANTE

Se propone determinar el efecto causado por la temperatura en el rango entre 0 °C y 60 °C. Para ello, y con el objetivo de conseguir una serie de datos representativa, se plantea realizar el experimento en las siguientes condiciones:

Baño termostático		1	2	3	4	5	6
Rango de temperatura (°C)		0-10	10-20	20-30	30-40	40-50	50-60

En caso de no disponer de baños termostáticos capaces de regular la temperatura por debajo de la temperatura ambiental, basta con introducir dos o tres bloques enfriadores dentro del baño con 30 min de antelación a la realización del experimento.

3.3. Efecto causado por la variación de la concentración de los reactivos - método gráfico a partir de las leyes integradas de velocidad

- 3 Vasos de precipitados (100 mL)
- 2 Probetas (25 mL)
- 1 Espátula
- 1 Varilla de vidrio
- 1 Pipeta de Pasteur
- 1 Pipeta (5 mL)
- 1 Pipeta (10 mL)

- 1 Cronómetro
- 1 Dispositivo para medir la absorbancia (Anexo 1) + cubeta
- 1 Pera succionadora o aspirador manual para pipetas
- 1 Cronómetro
- 1 Frasco lavador

- ► Disolución de hidróxido de sodio (NaOH (aq)) 0.3 M
- ► Disolución de cloruro de sodio (NaCl (aq)) 0.3 M
- ► Disolución alcohólica de fenolftaleína ($C_{20}H_{14}O_4$) al 0.2 % w/v

OBLIGATORIO

La bata bien abrochada y las gafas de seguridad puestas en todo momento.

4. Descripción del procedimiento experimental

4.1. Efecto causado por la variación de la concentración de los reactivos - método de las velocidades iniciales

En esta práctica, se determina la ecuación de velocidad de la reacción química entre el ácido clorhídrico (HCl) y el tiosulfato sódico ($Na_2S_2O_3$) empleando el método de las velocidades iniciales. Así, se realizan diferentes experimentos (recogidos en las **Tablas 1** y **2**) para la reacción entre ambos reactivos, que se muestra a continuación:

$$Na_2S_2O_3\ (aq) + 2\ HCl\ (aq) \rightarrow S\ (s) + SO_2\ (g) + 2\ NaCl\ (aq)$$

El azufre (S) formado se presenta en forma de precipitado blanco, enturbiando la disolución. El tiempo transcurrido desde la adición del ácido hasta la aparición del precipitado blanquecino dependerá de la concentración de los dos reactivos.

Para monitorear el avance de la reacción, debajo del vaso de precipitados se coloca un papel blanco con una marca dibujada (**Figura 3**). Una vez añadidos los reactivos, se mira desde arriba el vaso de precipitados donde se está produciendo la reacción y se mide el tiempo que transcurre desde la adición del ácido hasta que la marca del papel sea imperceptible (**Figura 4**).

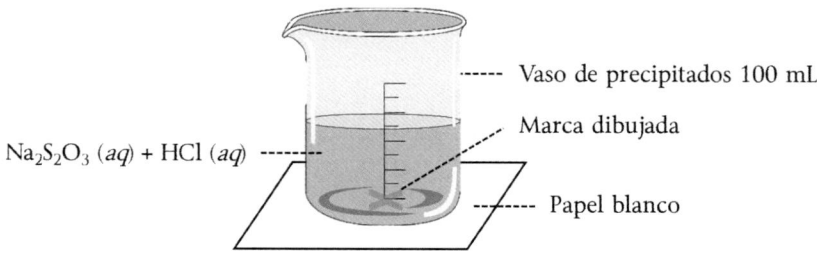

Figura 3. Montaje para calcular la velocidad de reacción.

La velocidad de reacción es inversamente proporcional al tiempo:

$$r \propto \frac{1}{\text{Tiempo necesario para que la disolución se vuelva opaca}}$$

Se admite la hipótesis de que la concentración de azufre necesaria para ocultar completamente la marca dibujada sobre el papel es la misma en todos los casos. De este modo, pese a que no se dispone de datos de velocidad de desaparición de reactivos $-r_{Na_2S_2O_3}$, $-r_{HCl}$ o formación de productos $+r_S$, $+r_{SO_2}$, $+r_{NaCl}$, se utiliza la relación entre las concentraciones de reactivos empleados y los tiempos de enturbiamiento para establecer la ecuación de velocidad.

4.1.1. Procedimiento experimental

- Preparar 2 disoluciones de 100 mL de tiosulfato sódico ($Na_2S_2O_3$) 0.20 M y 0.25 M, respectivamente.
- Realizar los ensayos relativos a las 2 series independientes recogidas en las **Tablas 1** y **2**. En la primera serie (**Tabla 1**), se introduce en la bureta la disolución de tiosulfato sódico ($Na_2S_2O_3$) 0.25 M y se mantiene constante la concentración de HCl. Para la realización de la segunda serie, se sustituye en la bureta la disolución de $Na_2S_2O_3$ 0.25 M por la disolución de $Na_2S_2O_3$ 0.20 M. En este caso, se mantiene constante la concentración de $Na_2S_2O_3$ (**Tabla 2**).

Tabla 1. Condiciones experimentales estudiadas ([HCl] constante) para la determinación de la velocidad de reacción.

Experimento	$V_{Na_2S_2O_3\ 0.25\ M}$ (mL)	V_{H_2O} (mL)	$V_{HCl\ 0.1\ M}$ (mL)
1a	40	10	10
2a	30	20	10
3a	20	30	10
4a	10	40	10

Tabla 2. Condiciones experimentales estudiadas ([$Na_2S_2O_3$] constante) para la determinación de la velocidad de reacción.

Experimento	$V_{Na_2S_2O_3\ 0.20\ M}$ (mL)	V_{H_2O} (mL)	$V_{HCl\ 0.1\ M}$ (mL)
1b	10	0	80
2b	10	10	70
3b	10	20	60
4b	10	30	50

- Numerar 2 vasos de precipitados de 100 mL limpios y secos.
- Verter el volumen de tiosulfato sódico ($Na_2S_2O_3$) necesario en cada ensayo (**Tablas 1** y **2**) directamente desde la bureta al vaso de precipitados nº 1.
- Verter el volumen de agua (H_2O) necesario en cada experimento al mismo vaso nº 1 (vaso de precipitados que contiene tiosulfato sódico) con la ayuda de la probeta o de la pipeta según el volumen de reactivo requerido.
- Verter el volumen de ácido clorhídrico (HCl) necesario en cada experimento en un vaso de precipitados auxiliar (vaso nº 2) con la ayuda de la probeta o de la pipeta según el volumen de reactivo requerido.
- Colocar el vaso de precipitados nº 1 que contiene $Na_2S_2O_3$ y H_2O encima del papel con la marca dibujada (**Figura 4**).
- Verter el contenido del vaso nº 2 sobre el vaso nº 1 (sin agitar) y medir con un cronómetro el tiempo transcurrido hasta que, debido a la aparición de la turbidez generada por el azufre (S), no sea perceptible la marca dibujada sobre el papel (**Figura 4**).

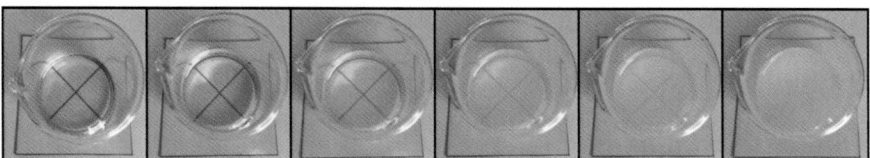

Figura 4. Desaparición progresiva de la marca dibujada debido a la turbidez.

IMPORTANTE

El tiempo empleado en verter el ácido sobre el tiosulfato sódico debe ser idéntico en todas las experiencias para minimizar el error experimental.

- Anotar los resultados de acuerdo con la **Tabla 3**.

Tabla 3. Resultados obtenidos en la práctica para determinar el efecto de la variación de la concentración de los reactivos ($Na_2S_2O_3$ y HCl) en la velocidad de reacción.

Exp.	V (mL)			$[Na_2S_2O_3]$ (mol/L)	[HCl] (mol/L)	t (s)	r^* (1/s)
	$Na_2S_2O_3$ 0.25 M	H_2O	HCl 0.1 M				
1a	40	10	10				
2a	30	20	10				
3a	20	30	10				
4a	10	40	10				

Exp.	V (mL)			$[Na_2S_2O_3]$ (mol/L)	[HCl] (mol/L)	t (s)	r^* (1/s)
	$Na_2S_2O_3$ 0.20 M	H_2O	HCl 0.1 M				
1b	10	0	80				
2b	10	10	70				
3b	10	20	60				
4b	10	30	50				

Como la velocidad de reacción es inversamente proporcional al tiempo transcurrido, se utiliza el término $r^* = 1/t$ como una pseudovelocidad de reacción.

4.1.2. Gestión de residuos

Los residuos generados durante la práctica para la determinación del efecto causado por la variación de la concentración de los reactivos en la velocidad de reacción mediante el método de las velocidades iniciales deben gestionarse en la garrafa de disoluciones inorgánicas ácidas (disolución sobrante de HCl) y en la garrafa de disoluciones inorgánicas alcalinas (disolución sobrante de $Na_2S_2O_3$).

Las disoluciones resultantes de la reacción entre el $Na_2S_2O_3$ y el HCl (serie 1a-4a y serie 1b-4b) son ácidas, por lo que deben ser vertidas a la garrafa de disoluciones inorgánicas ácidas. En todo caso, debe comprobarse el carácter ácido de dichas disoluciones mediante el uso de papel indicador.

4.2. Efecto causado por la variación en la temperatura

Es aconsejable realizar este apartado de la práctica de cinética química por parejas ya que el manejo de los volúmenes de tiosulfato sódico ($Na_2S_2O_3$) y ácido clorhídrico (HCl) debe hacerse lo más rápido posible. Además, se pretende evitar que se produzca cualquier tipo de accidente durante la manipulación de los de los matraces de Erlenmeyer dentro de los baños termostáticos.

* Preparar una disolución de 100 mL de $Na_2S_2O_3$ 0.15 M con la ayuda de un matraz aforado.
* Introducir en cada baño 2 matraces de Erlenmeyer con tapón de rosca que contengan una disolución de tiosulfato sódico ($Na_2S_2O_3$) 0.15 M y otra de ácido clorhídrico (HCl) 0.10 M, respectivamente y esperar a que las disoluciones alcancen la temperatura del baño termostático donde están sumergidas (**Figura 5**). Los matraces permanecen parcialmente sumergidos gracias a la ayuda de aros estabilizadores que impiden que floten dentro del baño termostático.

Figura 5. Ejemplo de un baño termostático que contiene las disoluciones de tiosulfato sódico ($Na_2S_2O_3$ 0.15 M) y ácido clorhídrico (HCl 0.10 M).

Comenzar los ensayos para estudiar el efecto de la temperatura en la velocidad de la reacción química por el rango de temperatura más frío para que el alumnado automatice sus movimientos y adquiera la pericia suficiente para que las disoluciones más calientes no pierdan temperatura durante la realización del ensayo y se minimice el error experimental.

- Retirar el tapón roscado del matraz de Erlenmeyer sumergido en el baño termostático que contiene la disolución de ácido clorhídrico (HCl) y transferir rápidamente 10 mL al vaso de precipitados nº 1 con la ayuda de una pipeta.
- Retirar el tapón roscado del matraz de Erlenmeyer que contiene la disolución de tiosulfato sódico ($Na_2S_2O_3$) y transferir rápidamente 10 mL al vaso de precipitados nº 2 con la ayuda de otra pipeta.
- Colocar el vaso de precipitados nº 2 que contiene la disolución de $Na_2S_2O_3$ encima del papel con la marca dibujada.
- Verter el contenido del vaso nº 1 sobre el vaso nº 2 (sin agitar) y medir con un cronómetro el tiempo transcurrido hasta que, debido a la aparición de la turbidez generada por el azufre (S), no sea perceptible la marca dibujada sobre el papel.
- Repetir el ensayo con las otras 5 temperaturas.
- Tabular los resultados obtenidos de acuerdo con la **Tabla 4**.

Tabla 4. Resultados experimentales obtenidos para determinar el efecto de la variación de la temperatura en la velocidad de reacción.

Experimento	T (°C)	t (s)	$r^* = 1/t$ (1/s)
1			
2			
3			
4			
5			
6			

Como la velocidad de reacción es inversamente proporcional al tiempo transcurrido, se utilizará el término $r^* = 1/t$ como una pseudovelocidad de reacción.

4.2.1. Gestión de residuos

Los residuos generados durante la práctica para la determinación del efecto causado por la variación en la temperatura en la velocidad de reacción deben gestionarse en la garrafa de disoluciones inorgánicas ácidas (disolución sobrante de HCl) y en la garrafa de disoluciones inorgánicas alcalinas (disolución sobrante de $Na_2S_2O_3$). Las disoluciones resultantes de la reacción entre el $Na_2S_2O_3$ y el HCl son ácidas, por lo que deben ser vertidas a la garrafa de disoluciones inorgánicas ácidas. En todo caso, debe comprobarse el carácter ácido de dichas disoluciones mediante el uso de papel indicador.

4.3. Efecto causado por la variación de la concentración de los reactivos - método gráfico a partir de las leyes integradas de velocidad

En esta práctica, se determina la ecuación de velocidad de la reacción química de la decoloración de la fenolftaleína en medio alcalino mediante un dispositivo «casero» capaz de medir la absorbancia a la longitud de onda de 550 nm. La fenolftaleína es una sustancia orgánica que cambia de color según el pH de la disolución en la que está disuelta y, por lo tanto, se utiliza principalmente como indicador ácido-base para determinar el punto final en las valoraciones volumétricas, esto es, para determinar la concentración desconocida de un reactivo a partir del volumen consumido de otro reactivo de concentración conocida que reacciona con el primero.

En disoluciones con un pH $\leq$ 8, la fenolftaleína es incolora y su estructura $(C_{20}H_{14}O_4)$ se puede representar mediante la fórmula H_2In. Cuando el pH aumenta de 8 a 10 debido a la adición de iones hidroxilo (OH^-) (por ejemplo mediante la adición de una disolución de hidróxido de sodio (NaOH (*aq*))), los 2 protones (H^+) del H_2In (incoloro) se liberan rápidamente, dando lugar a la conocida forma rosa con la estructura In^{2-}.

$$H_2In\ (aq) + 2\ OH^-\ (aq) \rightarrow In^{2-}\ (aq) + 2\ H_2O\ (l)$$
$$(incoloro) \qquad\qquad\qquad (rosa)$$

Cuando el valor del pH es superior a 10, el color rosa desaparece lentamente a medida que el compuesto In^{2-} reacciona con los iones OH^-, produciendo el compuesto $In(OH)^{3-}$ (incoloro).

$$In^{2-}\ (aq) + OH^-\ (aq) \rightarrow In(OH)^{3-}\ (aq)$$
$$(rosa) \qquad\qquad\qquad (incoloro)$$

Durante este experimento, no se realiza una valoración ácido-base pese a emplear como reactivo la fenolftaleína; únicamente se trabaja sobre la reacción a pH > 10, esto es, con una concentración de OH^- superior a 10^{-4} M. Todos los cambios de color son reversibles. Sin embargo, cuando el pH es superior a 8 la conversión de H_2In a In^{2-} es muy rápida y completa. Por el contrario, la conversión de In^{2-} a $In(OH)^{3-}$ es lo suficientemente lenta (incluso a pH $\geq$ 11) como para poder medir su velocidad fácilmente. Teniendo en cuenta que el compuesto In^{2-} tiene un color rosado intenso, la conversión de In^{2-} a $InOH^{3-}$ puede seguirse midiendo los cambios en la absorbancia de una disolución básica de fenolftaleína.

La ley de velocidad de la reacción entre In^{2-} y OH^- puede expresarse de la siguiente manera:

$$r = k \cdot [OH^-]^{\alpha} \cdot [In^{2-}]^{\beta}$$

Si se lleva a cabo el experimento de modo que se emplea una disolución muy alcalina donde la concentración de OH^- excede a la de fenolftaleína en un factor de al menos 10^4, puede considerarse que la concentración de OH^- permanece constante durante la reacción y, por lo tanto, la ley de velocidad puede simplificarse de la siguiente manera:

$$r = k_1 \cdot [In^{2-}]^{\beta}$$

donde k_1 es la constante aparente de velocidad y se define como:

$$k_1 = k \cdot [OH^-]^{\alpha}$$

De este modo, se puede afirmar que el orden global de la reacción entre In^{2-} y OH^- es de orden β respecto a la concentración de la fenolftaleína (In^{2-}). En esta práctica, se determina k_1 y β mediante el método gráfico a partir de las leyes integradas de velocidad.

Por otro lado, si se conoce el valor de la constante aparente (k_1) para diferentes concentraciones iniciales de OH^- (siempre que sea muy superior a la concentración de In^{2-}) a temperatura constante (de modo que el valor de k permanezca constante), se puede determinar el orden de reacción respecto a la concentración de OH^- (α).

4.3.1. Determinación de la concentración de fenolftaleína (In^{2-})

Para determinar k_1 y β mediante el método gráfico a partir de las leyes integradas de velocidad es necesario conocer el valor de la concentración de In^{2-} en el tiempo.

Teniendo en cuenta que, aplicando la Ley de Beer, es posible conocer la concentración de una determinada disolución mediante su valor de absorbancia, en esta práctica se emplea un espectrofotómetro para medir la absorbancia de la especie In^{2-} en medio básico a 550 nm (longitud de onda de máxima absorción de la fenolftaleína). La absortividad molar (ε) de la fenolftaleína ($C_{20}H_{14}O_4$) a 550 nm es de $3.0 \cdot 10^4$ (1/(M·cm)) y el espesor de la celda o camino óptico (b) utilizada es de 1.0 cm.

De este modo, el método empleado para seguir la cinética de la reacción consiste en el registro de la absorbancia de la fenolftaleína, en disoluciones fuertemente básicas, en función del tiempo. La reacción se monitoriza partiendo de 3 disoluciones de NaOH de distinta concentración (c = 0.1 M, 0.2 M o 0.3 M) para tener así 3 series independientes de absorbancia vs. tiempo (**Tabla 5**).

Como alternativa a los espectrofotómetros comerciales, en esta práctica se trabaja con un dispositivo «casero» capaz de medir la absorbancia a la longitud de onda de 550 nm (**Figura 6**).

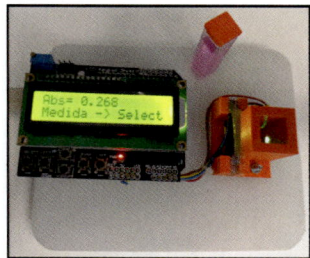

Figura 6. Dispositivo diseñado para medir la absorbancia
de una disolución a 550 nm.

En el **Anexo 1**, se incluyen las indicaciones para la fabricación del dispositivo y el manual de usuario.

Se deben tener en cuenta ciertos aspectos durante la preparación de las disoluciones de NaOH y la posterior utilización del fotómetro.

Fuerza iónica

Para que la práctica se desarrolle correctamente, la fuerza iónica (concentración de iones en disolución) debe ser constante en todas las disoluciones a estudio. Por lo tanto, se utilizan disoluciones de la misma concentración (0.3 M), lo que implica que las disoluciones más diluidas de NaOH (0.1 M y 0.2 M) se igualan mediante el aporte de cloruro de sodio (NaCl).

Dispositivo

* La cubeta debe estar limpia. No se deben tocar las paredes lisas con los dedos.

- Antes de comenzar cada experimento, la cubeta debe lavarse con la muestra blanco correspondiente. En esta práctica, se denomina muestra blanco a la disolución preparada para cada ensayo sin adicionar la fenolftaleína (sin el analito).
- La cubeta no debe llenarse hasta el borde, sino hasta completar ¾ del volumen de la misma.
- La absorbancia inicial de las disoluciones propuestas debe estar comprendida aprox. entre 0.8 y 1.0. Para valores superiores a 1.0, la absorbancia y la concentración de la especie In^{2-} no son proporcionales. Para valores inferiores a 0.8, los valores de absorbancia registrados por el dispositivo durante la parte final del ensayo (≤ 0.1), se hallan por debajo del límite de detección.

4.3.2. Procedimiento experimental

- Preparar 2 disoluciones de 100 mL de hidróxido de sodio (NaOH) 0.3 M y cloruro de sodio (NaCl) 0.3 M, respectivamente.

Serie 1: disolución de NaOH 0.3 M
- Preparar la muestra blanco y rellenar la cubeta. En este caso, la muestra blanco es la propia disolución de NaOH 0.3 M.
- Colocar la cubeta con la muestra blanco en el dispositivo y ajustar el cero de absorbancia.
- Sacar la cubeta del dispositivo y añadirle con la ayuda de la pipeta de Pasteur una gota de fenolftaleína. Tapar la cubeta y agitarla cuidadosamente para homogeneizar la disolución e introducirla en el dispositivo.
- Medir la absorbancia (sin sacar la cubeta) cada minuto durante 12 min. No serán válidos aquellos valores de absorbancia superiores a 1.0 e inferiores a 0.1. Deben recogerse al menos 10 datos válidos para conseguir un mejor ajuste cinético. En caso contrario, se debe repetir el experimento.
- Tabular los resultados de acuerdo con la **Tabla 5**.

Serie 2: disolución de NaOH 0.2 M
- Preparar la muestra blanco en un vaso de precipitados vertiendo 20 mL de NaOH 0.3 M y 10 mL de NaCl 0.3 M con la ayuda de 2 probetas de 25 mL. Se admite que los volúmenes de ambas disoluciones son aditivos.
- Repetir el procedimiento descrito para la Serie 1.

Serie 3: disolución de NaOH 0.1 M

- Preparar la muestra blanco en un vaso de precipitados vertiendo 10 mL de NaOH 0.3 M y 20 mL de NaCl 0.3 M con la ayuda de dos probetas de 25 mL. Se admite que los volúmenes de ambas disoluciones son aditivos.
- Repetir el procedimiento descrito para la Serie 1.

Tabla 5. Resultados obtenidos en la práctica para determinar el efecto de la variación de la concentración de los reactivos (In^{2-} y NaOH) en la velocidad de reacción.

Serie 1	Disolución de NaOH 0.3 M + fenolftaleína												
t (min)	0	1	2	3	4	5	6	7	8	9	10	11	12
Abs (-)													
Serie 2	Disolución de NaOH 0.2 M + fenolftaleína												
t (min)	0	1	2	3	4	5	6	7	8	9	10	11	12
Abs (-)													
Serie 3	Disolución de NaOH 0.1 M + fenolftaleína												
t (min)	0	1	2	3	4	5	6	7	8	9	10	11	12
Abs (-)													

4.3.3. Gestión de residuos

Los residuos generados durante la práctica para la determinación del efecto causado por la variación de la concentración de los reactivos en la velocidad de reacción mediante el método gráfico a partir de las leyes integradas de velocidad deben gestionarse en la garrafa de disoluciones inorgánicas alcalinas.

5. Adquisición de resultados

Cada persona debe describir en su cuaderno de laboratorio (o soporte similar) los ensayos realizados y recoger todos los resultados de los experimentos desarrollados. Adicionalmente, para la correcta realización de esta práctica, cada persona debe:

- Completar las tablas con los datos recogidos durante los distintos ensayos para estudiar el efecto de la concentración y de la temperatura en la velocidad de reacción, y representarlos gráficamente, prestando especial atención a las variables y sus unidades indicadas en cada eje.

ANEXO 1

1. Fabricación de un dispositivo para medir la absorbancia

La fabricación del dispositivo que se describe a continuación se basa en la publicación científica *Seawater pH measurements in the field: A DIY photometer with 0.01 unit pH accuracy* publicada en la revista *Marine Chemistry* (Ed. Elsevier) realizada por Yang y col. (2014).

El dispositivo (**Figura 1**) está compuesto por un Arduino con visualizador LCD con pulsadores, un led verde de alta luminosidad como fuente de radiación y un módulo sensor de luz con el circuito integrado BH-1750FVI, que proporciona medidas directas en lux (lumen/m²). La fuente de luz irradia la muestra y el sensor recoge la cantidad de luz (lux) que atraviesa la misma.

Figura 1. Dispositivo diseñado para medir la absorbancia a 550 nm.

2. Manual de usuario

El dispositivo no tiene botón de encendido y se activa al aplicar tensión en alguno de los dos conectores situados a la izquierda, debajo del visualizador: el USB a 5 V o el conector redondo a 7-12 V, con el positivo en el centro.

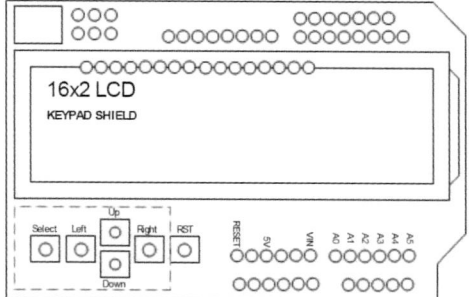

Figura 2. Controles del dispositivo.

En la parte inferior izquierda hay 6 pulsadores (**Figura 2**): Select / Left / Up / Down / Right / RST (reset), de los que se usan Select, Down y RST. Este último se emplea para reiniciar el equipo, perdiéndose el dato de calibración almacenado (si es que este existiera).

- Para medir la muestra blanco (disolución que contiene todos los componentes excepto el que se quiere medir/controlar) colocar la cubeta que contiene la muestra blanco en el soporte y pulsar Down. A modo informativo, la pantalla muestra el dato en lux (*valor$_1$ lx*) de la muestra blanco.

  Blanco = valor$_1$ lx

- Tras 2 s aparece una indicación en la segunda línea para cambiar el blanco por una muestra a analizar:

  Blanco = valor$_1$ lx

  Medida → Select

- Insertar la cubeta que contiene la muestra a analizar en el soporte y pulsar el botón Select. En pantalla aparece en la línea superior el valor de la absorbancia de la muestra analizada y en la línea inferior el valor en lux tanto del blanco como de la muestra analizada.

  Abs = valor$_2$

  (valor$_1$, valor$_3$)

- Después de 3 s aparece en la segunda línea una indicación para colocar otra muestra a analizar:

  Abs = valor$_2$

  Medida → Select

- En caso de pulsar el botón Down por error en lugar de Select, la medida de absorbancia realizada se considera como una nueva muestra blanco, almacenándose en la memoria y usándose como referencia para las siguientes medidas de absorbancia. Para corregir este error, debe colocarse nuevamente la cubeta con la auténtica muestra blanco en el soporte y pulsar Down.

Se pueden medir tantas muestras como sea necesario. El valor de la muestra blanco se mantiene como referencia hasta que se apaga el dispositivo o se pulsan los botones Down o RST.

- CAMBIO DE BLANCO: no es necesario reiniciar el dispositivo ya que pulsando el botón Down en cualquier momento durante una secuencia de análisis de muestras permite realizar una medida de una nueva muestra blanco.

CUESTIONARIO

1. **Efecto causado por la variación de la concentración de los reactivos en la velocidad de reacción - Método de las velocidades iniciales**

   1.1. Completar la **Tabla 1** con los valores experimentales obtenidos.

Tabla 1. Resultados obtenidos en la práctica para determinar el efecto de la variación de la concentración de los reactivos ($Na_2S_2O_3$ y HCl) en la velocidad de reacción.

Exp.	V (mL)			$[Na_2S_2O_3]$ (mol/L)	[HCl] (mol/L)	t (s)	r^* (1/s)
	$Na_2S_2O_3$ 0.25 M	H_2O	HCl 0.1 M				
1a	40	10	10				
2a	30	20	10				
3a	20	30	10				
4a	10	40	10				

Exp.	V (mL)			$[Na_2S_2O_3]$ (mol/L)	[HCl] (mol/L)	t (s)	r^* (1/s)
	$Na_2S_2O_3$ 0.20 M	H_2O	HCl 0.1 M				
1b	10	0	80				
2b	10	10	70				
3b	10	20	60				
4b	10	30	50				

Como la velocidad de reacción es inversamente proporcional al tiempo transcurrido, se utiliza el término $r^* = 1/t$ como una pseudovelocidad de reacción.

   1.2. En la primera serie de experimentos (1a-4a) se mantiene fija la concentración de HCl. Representar gráficamente con la ayuda de un programa informático (no manualmente) la concentración de $Na_2S_2O_3$ (mol/L) frente a la pseudovelocidad de reacción (1/s).

IMPORTANTE

Se deben seleccionar valores límite (mínimo y máximo) para el eje de ordenadas o eje Y lo suficientemente amplios para comprobar correctamente la influencia de la concentración del reactivo en la pseudovelocidad de reacción.

1.3. Determinar razonadamente el orden de reacción con respecto a la concentración de $Na_2S_2O_3$, indicando cómo afecta la concentración de $Na_2S_2O_3$ a la velocidad de reacción.

1.4. En la segunda serie de experimentos (1b-4b) se mantiene fija la concentración de $Na_2S_2O_3$. Representar gráficamente con la ayuda de un programa informático (no manualmente) la concentración de HCl (mol/L) frente a la pseudovelocidad de reacción (1/s).

1.5. Determinar razonadamente el orden de reacción con respecto a la concentración de HCl, indicando cómo afecta la concentración de HCl a la velocidad de reacción.

2. Efecto causado por la variación en la temperatura

2.1. Completar la **Tabla 2** con los valores experimentales obtenidos.

Tabla 2. Resultados experimentales obtenidos para determinar el efecto de la variación de la temperatura en la velocidad de reacción.

Experimento	T (°C)	t (s)	$r^* = 1/t$ (1/s)
1			
2			
3			
4			
5			
6			

Como la velocidad de reacción es inversamente proporcional al tiempo transcurrido, se utilizará el término $r^* = 1/t$ como una pseudovelocidad de reacción.

2.2. Representar gráficamente con la ayuda de un programa informático (no manualmente) la temperatura (°C) frente a la pseudovelocidad de reacción (1/s).

2.3. En base a los resultados obtenidos en el apartado anterior, indicar razonadamente qué tipo de relación existe entre la temperatura y la velocidad de reacción (p. ej., no hay relación, son inversamente proporcionales, etc.) y si esta coincide con la relación reflejada en la ecuación de Arrhenius.

2.4. Por norma general, en el caso de muchas reacciones se ha descubierto que, dentro del rango de la temperatura ambiente, la velocidad de reacción se dobla cuando la temperatura aumenta en 10 °C. Explicar razonadamente si se cumple esta aproximación en el presente caso y, en caso afirmativo, indicar en qué rango de temperaturas se observa este comportamiento.

3. **Efecto causado por la variación de la concentración de los reactivos - Método gráfico a partir de las leyes integradas de velocidad**

3.1. Completar la **Tabla 3** con los valores experimentales obtenidos. La concentración de la fenolftaleína en cada punto se obtiene a partir de la Ley de Beer.

Tabla 3. Resultados obtenidos en la práctica para determinar el efecto de la variación de la concentración de los reactivos (In^{2-} y NaOH) en la velocidad de reacción.

Serie 1	Disolución de NaOH 0.3 M + fenolftaleína											
t (min)	0	1	2	3	4	5	6	7	8	9	10	11	12
Abs (-)													

Serie 2	Disolución de NaOH 0.2 M + fenolftaleína											
t (min)	0	1	2	3	4	5	6	7	8	9	10	11	12
Abs (-)													

Serie 3	Disolución de NaOH 0.1 M + fenolftaleína											
t (min)	0	1	2	3	4	5	6	7	8	9	10	11	12
Abs (-)													

3.2. Calcular el orden parcial de la concentración de la fenolftaleína (β) en la ecuación de velocidad de la reacción química de la decoloración de la fenolftaleína en medio alcalino ($r = k_1 \cdot [In^{2-}]^{\beta}$) mediante el método gráfico a partir de las leyes integradas de velocidad.

RECOMENDACIÓN

En cada una de las gráficas de los 3 posibles órdenes a estudio (0, 1 y 2) se pueden incluir los resultados de las 3 series conjuntamente. Por ejemplo, para la gráfica de orden cero, se incluyen en la misma figura las series de datos correspondiente a NaOH 0.3 M, NaOH 0.2 M y NaOH 0.1 M. De este modo, en lugar de graficar 9 figuras, únicamente se realizan 3 figuras.

3.3. En base a los resultados gráficos obtenidos en el apartado anterior, determinar el valor de la constante aparente de velocidad k_1 correspondiente a cada serie de NaOH (0.3 M, 0.2 M y 0.1 M) (**Tabla 4**).

Tabla 4. Valores de la constante aparente de velocidad (k_1) para cada una de las series investigadas.

Serie	[OH⁻] (M)	k_1
1	0.3	
2	0.2	
3	0.1	

3.4. La constante aparente de velocidad (k_1) se define como $k_1 = k \cdot [OH^-]^\alpha$ donde α probablemente sea 0, 1 y 2. Completar la **Tabla 5** y justificar razonadamente cual es el orden parcial de la concentración de OH⁻ (α).

Tabla 5. Valores de la constante aparente de velocidad (k_1) y la constante de velocidad específica (k) para cada una de las series investigadas.

Serie	[OH⁻] (M)	k_1*	$\alpha = 0$ $k\left(k = \dfrac{k_1}{[OH^-]^0}\right)$	$\alpha = 1$ $k\left(k = \dfrac{k_1}{[OH^-]^1}\right)$	$\alpha = 2$ $k\left(k = \dfrac{k_1}{[OH^-]^2}\right)$
1	0.3				
2	0.2				
3	0.1				

*Valores de k_1 indicados en la Tabla 4 de la *Pregunta 3.3*.

IMPORTANTE

El valor de k permanece constante ya que todos los ensayos se realizan a la misma temperatura.

TEST DE EVALUACIÓN

1. **Durante la realización de la práctica, por falta de atención, al abrir la botella de ácido clorhídrico (HCl) 0.1 M se te resbala y se derrama su contenido. ¿Cuál es el protocolo a seguir?**

   A. Pasar rápidamente una fregona para no dañar el suelo del laboratorio con el ácido.

   B. Emplear un absorbente específico para bases ya que lo que se ha derramado es un ácido.

   C. Usar el extintor para neutralizar el ácido y después barrer el residuo sólido generado.

   D. Emplear un absorbente específico para ácidos.

2. **En el ensayo realizado para determinar el efecto de la temperatura en la ecuación de velocidad entre el ácido clorhídrico (HCl) y el tiosulfato sódico ($Na_2S_2O_3$)...**

   A. Se debe realizar la transferencia de volúmenes de los matraces de Erlenmeyer a los vasos de precipitados rápidamente para evitar que las muestras se calienten.

   B. La concentración del reactivo limitante debe permanecer constante en todos los casos.

   C. Se debe realizar la transferencia de volúmenes de los matraces de Erlenmeyer a los vasos de precipitados rápidamente para evitar que las muestras se enfríen.

   D. La concentración de ambos reactivos debe permanecer constante en todos los casos.

3. **En el ensayo realizado para determinar la ecuación de velocidad entre el ácido clorhídrico (HCl) y el tiosulfato sódico ($Na_2S_2O_3$)...**

   A. Se debe verter el $Na_2S_2O_3$ sobre el ácido para evitar posibles accidentes.

   B. El tiempo empleado en verter el $Na_2S_2O_3$ sobre el HCl debe ser idéntico en todos los experimentos.

   C. El tiempo empleado en verter el HCl sobre el $Na_2S_2O_3$ debe ser idéntico en todos los experimentos.

   D. Se debe verter el $Na_2S_2O_3$ sobre el ácido mediante la bureta para minimizar el error experimental.

4. **La bureta es un instrumento para el manejo de líquidos y la medida de volúmenes definido como...**

   A. Material cuantitativo de alta precisión y exactitud.
   B. Material cuantitativo de baja precisión y exactitud.
   C. Material cuantitativo de alta exactitud pero baja precisión.
   D. Material no cuantitativo.

5. **En el ensayo realizado para determinar la ecuación de velocidad entre el ácido clorhídrico (HCl) y el tiosulfato sódico ($Na_2S_2O_3$)...**

   A. La concentración de azufre formado necesario para ocultar el dibujo es la misma en todos los casos.
   B. El ácido se vierte al vaso de precipitados con la ayuda de la pipeta desde la botella de reactivo.
   C. No se debe homogeneizar la mezcla entre el $Na_2S_2O_3$ y el H_2O.
   D. El ácido se vierte al vaso de precipitados con la ayuda de la bureta.

6. **Durante la utilización del dispositivo para medir la absorbancia...**

   A. La cubeta debe llenarse hasta el borde.
   B. Es necesario emplear 2 cubetas, una para la muestra blanco y otra para la muestra a analizar.
   C. La cubeta debe manejarse por las caras lisas.
   D. La cubeta debe lavarse con la muestra blanco correspondiente antes de comenzar cada experimento.

7. **En el ensayo realizado para determinar la ecuación de velocidad de la reacción química de la decoloración de la fenolftaleína, se registra la variación de la absorbancia a 550 nm...**

   A. Porque esta longitud de onda está aprox. en el centro de la zona visible cuyo rango va de 420 nm a 700 nm.
   B. Porque es la longitud de onda a la que se produce la decoloración.
   C. Porque es la longitud de onda que se obtiene en la Ley de Beer para el caso de la fenolftaleína.
   D. Porque es la longitud de onda a la que absorbe la fenolftaleína.

8. Un espectrofotómetro es un instrumento usado en el análisis químico que detecta las longitudes de onda que _____ la disolución problema. Al analizar la muestra, en la pantalla del dispositivo aparece el dato de la _____. Previamente, es necesario realizar una medida de la muestra blanco con la _____ para que el dispositivo lo registre como valor cero.

    A. atraviesan; absorción; disolución inicial
    B. absorbe; absortividad; cubeta vacía
    C. atraviesan; absorbancia; disolución inicial
    D. absorbe; absorbancia; cubeta vacía

9. En el ensayo realizado para determinar la ecuación de velocidad de la reacción química de la decoloración de la fenolftaleína...

    A. La muestra blanco contiene hidróxido sódico (NaOH) en todos los casos.
    B. La muestra blanco es idéntica en todos los ensayos.
    C. La muestra blanco contiene cloruro de sodio (NaCl) en todos los casos.
    D. Se extrae la cubeta del fotómetro tras cada medición de la absorbancia de la muestra.

10. Los residuos generados durante la práctica para determinar la ecuación de velocidad de la decoloración de la fenolftaleína deben gestionarse como residuos tipo...

    A. *Disoluciones inorgánicas alcalinas.*
    B. *Disoluciones inorgánicas ácidas.*
    C. *Disoluciones con metales pesados.*
    D. No peligroso, ya que el único producto generado es NaCl y puede eliminarse, sin ningún peligro, por la fregadera.

6 Estequiometría y solubilidad

1. Objetivos

En esta práctica se emplea la gravimetría como técnica de análisis cuantitativo para calcular el rendimiento experimental de una reacción química.

- Utilizar los resultados obtenidos experimentalmente en el laboratorio para realizar cálculos estequiométricos aplicados tanto a una sustancia química como a una reacción química.
- Estudiar la influencia del método de filtración empleado en el rendimiento del proceso.

Por otro lado, se estudia el efecto de la temperatura en la solubilidad de los sólidos en agua (disolvente líquido universal).

2. Conocimientos previos

2.1. Estequiometría en disoluciones

En cualquier ecuación química ajustada, el coeficiente que precede a cada compuesto indica cuántas partículas (átomos, iones o moléculas) y, por lo tanto, cuántos moles de cada sustancia se necesitan para que la reacción se lleve a cabo.

Sin embargo, en el trabajo real desarrollado en el laboratorio, la cantidad empleada de los distintos reactivos se calcula mediante la medición de masas (g, kg, etc.) o volúmenes (mL, L, etc.), de modo que es necesario hacer conversiones entre mol y masa para poder tomar las cantidades correctas de los reactivos. Para hacer referencia a tales relaciones mol-masa, se emplea el término estequiometría, el cual se define como el estudio cuantitativo de reactivos y productos en una reacción química.

Para la ecuación balanceada: $a\,A + b\,B \rightarrow c\,C + d\,D$

Los coeficientes a y b ofrecen información sobre cuántos moles de cada reactivo se necesita para completar la reacción. La masa requerida de cada reactivo se obtiene convirtiendo esos moles en gramos (**Figura 1**).

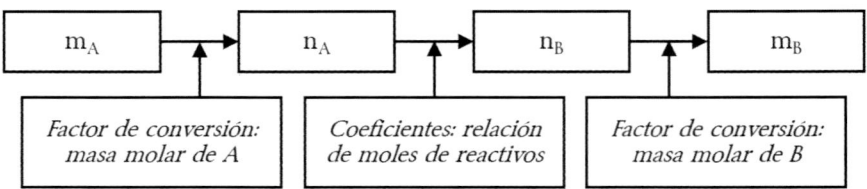

Figura 1. Relación molar y másica entre los reactivos A y B para el ejemplo propuesto.

Para que una reacción química tenga lugar, los reactivos (formados por iones o por átomos/moléculas) deben poder ponerse en contacto unos con otros. Esta interacción se ve favorecida cuando la reacción sucede en estado líquido o en disolución, no en estado sólido.

Una disolución es una mezcla homogénea, de composición constante en todo el medio, de dos o más sustancias. En general, se llama disolvente al componente en mayor proporción o al agua si se trata de una disolución acuosa, aunque no sea el componente mayoritario. Los demás componentes se denominan solutos.

Por lo tanto, para el estudio de la estequiometría en disolución necesitamos conocer la cantidad de los reactivos presentes en una disolución y la relación molar entre los mismos.

Pese a que la concentración de una disolución se puede expresar de muchas formas, como los cálculos estequiométricos para las reacciones químicas requieren trabajar con moles, la manera más generalizada para expresar la concentración de una solución es la **molaridad (M)**, que representa los moles de una sustancia, o el soluto, disuelto en cada litro de disolución.

$$\text{Molaridad (M)} = \frac{\text{cantidad de soluto (mol)}}{\text{volumen de disolución (L)}}$$

Una disolución de molaridad conocida se prepara pesando la cantidad apropiada de soluto, disolviéndola en una pequeña cantidad de agua (o del disolvente correspondiente) en un vaso de precipitados, agitando la disolución hasta que queda mezclada de manera uniforme y transfiriéndola a un matraz aforado. Finalmente, se agrega el disolvente suficiente para disolver el soluto hasta alcanzar el volumen final medido con exactitud (enrasar). De esta manera, no es necesario conocer la cantidad de agua agregada (volumen de disolvente), en tanto se conozca el volumen final de la disolución.

En el anterior diagrama (**Figura 1**) se mostraba que cuando se dispone de valores de reactivos y productos expresados en masas (g, kg, etc.), se deben convertir estas cantidades en moles (mediante el uso de las masas molares) para poder así relacionar las distintas sustancias mediante los coeficientes de las ecuaciones balanceadas. Sin embargo, cuando se trabaja con disoluciones de molaridad conocida, se utiliza la molaridad y el volumen de la disolución para determinar el número de moles de las especies involucradas.

Para entender mejor este concepto, a continuación, se muestra un diagrama (**Figura 2**) y un ejemplo que permite resolver problemas de estequiometría que involucran tanto medidas de masa en el laboratorio, como volúmenes y concentración de disoluciones.

Para la ecuación balanceada: $a \, A + b \, B \rightarrow c \, C + d \, D$

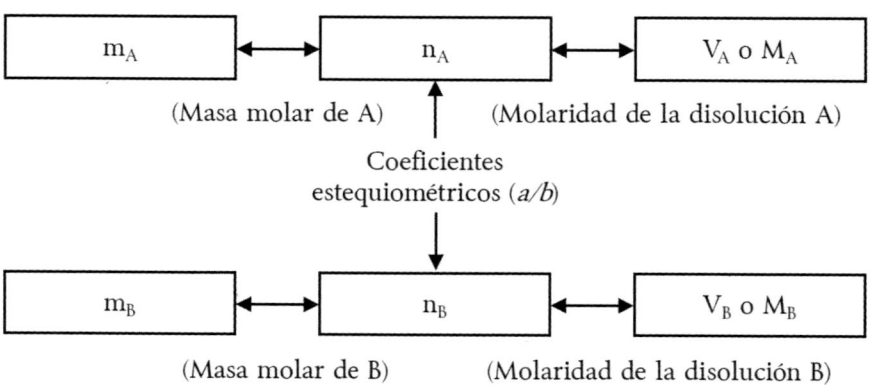

Figura 2. Relación entre los reactivos A y B
para el ejemplo propuesto a partir del dato de molaridad.

EJEMPLO. Determinar la masa de hidróxido de sodio (NaOH) (expresada en g) necesaria para neutralizar 20.0 mL de una disolución de ácido sulfúrico (H_2SO_4) 0.150 M.

$$2 \text{ NaOH } (aq) + 1 \text{ H}_2\text{SO}_4 \text{ } (aq) \rightarrow 1 \text{ Na}_2\text{SO}_4 \text{ } (aq) + 2 \text{ H}_2\text{O } (l)$$

Se puede utilizar la molaridad y el volumen de la disolución de H_2SO_4 para calcular la cantidad de moles de H_2SO_4. Posteriormente, se utiliza la ecuación ajustada para relacionar este valor con la cantidad de moles de NaOH. Por último, se convierte este dato a masa de NaOH.

$$V_{H_2SO_4} \text{ (L)} \cdot M_{H_2SO_4} \left(\tfrac{mol}{L}\right) \rightarrow n_{H_2SO_4} \text{ (mol)} \rightarrow n_{NaOH} \text{ (mol)} \rightarrow m_{NaOH} \text{ (g)}$$

$$n_{H_2SO_4} = 0.020 \text{ L} \cdot \frac{0.150 \text{ mol H}_2\text{SO}_4}{L} = 0.003 \text{ mol H}_2\text{SO}_4$$

$$m_{NaOH} = 0.003 \text{ mol H}_2\text{SO}_4 \cdot \frac{2 \text{ mol NaOH}}{1 \text{ mol H}_2\text{SO}_4} \cdot \frac{40 \text{ g NaOH}}{1 \text{ mol NaOH}} = 0.240 \text{ g NaOH}$$

A continuación, se resumen otras formas de expresar la concentración en disolución:

$$\text{Molalidad } (m) = \frac{\text{cantidad de soluto (expresado en mol)}}{\text{masa de disolvente (expresado en kg)}}$$

$$\% \text{ Másico} = \frac{\text{masa de soluto}}{\text{masa de disolución}} \cdot 100$$

$$\text{Fracción molar del compuesto A } (x_A) = \frac{\text{moles de A}}{\sum \text{moles de todos los componentes}}$$

2.2. Solubilidad

Se denomina solubilidad a la cantidad de soluto por unidad de disolvente que se necesita para formar una disolución saturada a una determinada temperatura. Dicho de otra manera, la solubilidad de una sustancia a una temperatura específica es la cantidad de sustancia que puede disolverse en una cantidad de disolvente a dicha temperatura.

Por lo tanto, la solubilidad depende de la temperatura y siempre que se realiza una medición específica de la solubilidad de una sustancia debe indicarse a qué temperatura se está realizando el ensayo.

Tal y como se observa en la **Figura 3**, no hay una correlación obvia entre la solubilidad y la temperatura. En general, la solubilidad de la mayoría de los sólidos iónicos y moleculares aumenta con el incremento de la temperatura (la solubilidad de las sustancias iónicas aumenta al aumentar la temperatura en el 95 % de los casos), aunque es frecuente que la relación exacta sea compleja y no lineal (Ejemplo: $CoSO_4$).

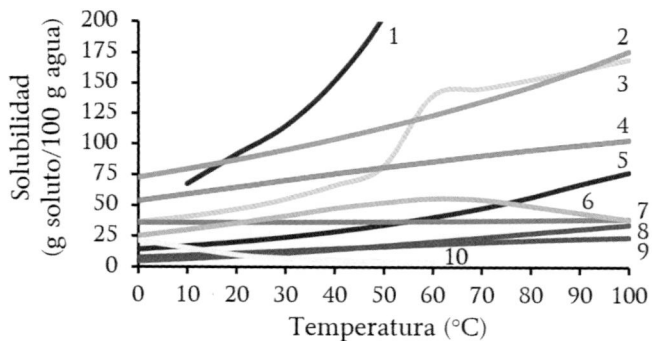

Figura 3. Solubilidad de algunos sólidos en agua en función de la temperatura: glucosa ($C_6H_{12}O_6$) (1), nitrato de sodio ($NaNO_3$) (2), acetato de sodio ($NaCH_3COO$) (3), bromuro de potasio (KBr) (4), sulfato de cobre(II) ($CuSO_4$) (5), sulfato de cobalto(II) ($CoSO_4$) (6), cloruro de sodio (NaCl) (7), nitrato de bario ($Ba(NO_3)_2$) (8), sulfato de potasio (K_2SO_4) (9), sulfato de cerio(III) dihidratado ($Ce_2(SO_4)_3 \cdot 2H_2O$) (10).

Se denomina insoluble a cualquier sustancia (normalmente compuestos iónicos) con una solubilidad inferior a 0.01 mol/L. En ese caso, la atracción entre los iones con cargas opuestas en el sólido (fuerzas de cohesión soluto-soluto) es demasiado grande para que las moléculas de disolvente (normalmente agua) separen de manera significativa a los iones (fuerzas soluto-disolvente). Así, la sustancia permanece prácticamente sin disolver.

Desafortunadamente, no existen reglas basadas en propiedades físicas sencillas que ayuden a predecir si un compuesto iónico en particular será soluble o no. Sin embargo, las observaciones experimentales han permitido elaborar reglas empíricas para predecir la solubilidad de los compuestos iónicos

(**Tabla 1**). De este modo, es posible determinar la solubilidad de un sólido iónico en agua observando qué tipo de anión está presente; a continuación, bastaría con comprobar si el catión se comporta como una excepción o no.

Tabla 1. Reglas de solubilidad de algunos compuestos iónicos en agua.

Compuestos iónicos solubles		Excepciones importantes
Compuestos que contienen...	NO_3^-	Ninguna
	CH_3COO^-	Ninguna
	Cl^-	Compuestos de Ag^+, Hg_2^{2+} y Pb^{2+}
	Br^-	Compuestos de Ag^+, Hg_2^{2+} y Pb^{2+}
	I^-	Compuestos de Ag^+, Hg_2^{2+} y Pb^{2+}
	SO_4^{2-}	Compuestos de Sr^{2+}, Ba^{2+}, Hg_2^{2+} y Pb^{2+}
Compuestos iónicos insolubles		Excepciones importantes
Compuestos que contienen...	S^{2-}	Compuestos de NH_4^+, los cationes de metales alcalinos, y Ca^{2+}, Sr^{2+} y Ba^{2+}
	CO_3^{2-}	Compuestos de NH_4^+ y los cationes de metales alcalinos
	PO_4^{3-}	Compuestos de NH_4^+, los cationes de metales alcalinos, y Ca^{2+}, Sr^{2+} y Ba^{2+}
	OH^-	Compuestos de NH_4^+, los cationes de metales alcalinos, y Ca^{2+}, Sr^{2+} y Ba^{2+}

Bibliografía:
General Chemistry. W. Vining y col., 2016.
Basics of Introductory Chemistry with Math Review. M. Cracolice, 2010.

2.3. Reacciones de precipitación

Las reacciones de precipitación son un tipo común de reacción en disolución donde los reactivos solubles generan un producto sólido muy poco soluble (prácticamente insoluble), que se precipita en la disolución. En las reacciones de precipitación normalmente participan compuestos iónicos. La mayoría de las precipitaciones tienen lugar cuando los aniones y los cationes de dos compuestos iónicos se intercambian entre sí.

En el caso de esta práctica, una disolución acuosa e incolora de nitrato de plomo(II) ($Pb(NO_3)_2$) reacciona con otra de yoduro de potasio (KI) para producir una disolución acuosa de nitrato de potasio (KNO_3) y un precipitado insoluble de yoduro de plomo(II) (PbI_2) de color amarillo.

Este es un ejemplo de reacción de doble desplazamiento, esto es, una reacción que implica el intercambio de enlaces (en este caso iónicos) entre 2 compuestos.

$$Pb(NO_3)_2 \ (aq) \ + \ KI \ (aq) \ \rightarrow \ PbI_2 \ (s) \ + \ KNO_3 \ (aq) \text{ (Ecuación sin ajustar)}$$

En realidad, el nitrato de plomo(II), el yoduro de potasio y el nitrato de potasio son electrolitos fuertes ($\alpha \approx 1$) que, cuando se disuelven en agua, se forman disoluciones que contienen iones. Por lo tanto, es conveniente escribir la reacción de precipitación como ecuación iónica, donde se indica la disociación de los compuestos iónicos y en la que todos los iones se muestran de forma explícita:

$$Pb^{2+} (aq) \ + \ NO_3^- \ (aq) \ + \ K^+ (aq) \ + \ I^- (aq) \ \rightarrow \ PbI_2 \ (s) \ + \ K^+ (aq) \ + \ NO_3^- \ (aq)$$

El KNO_3 es un electrolito fuerte que al disolverse se disocia por completo en los iones K^+ y NO_3^-, los cuales se denominan iones espectadores o iones que no participan en la reacción global, y su función es ajustar la carga de la reacción química.

2.4. Métodos gravimétricos

Los métodos gravimétricos se caracterizan porque miden la masa. Como esta magnitud carece de toda selectividad, se hace necesario aislar la sustancia que se va a pesar de cualquier otra especie, incluido el disolvente. Así pues, todo método gravimétrico precisa una preparación concreta de la muestra, con objeto de obtener una sustancia con una composición perfectamente conocida.

3. Descripción del material y reactivos

3.1. Precipitación y filtración del yoduro de plomo(II)

- 2 Matraces aforados (50 mL)
- 2 Vasos de precipitados (100 mL)
- 2 Vidrios de reloj
- 1 Espátula
- 1 Varilla de vidrio
- 2 Pipetas graduadas (10 mL)
- 1 Pera succionadora o aspirador manual para pipetas
- 2 Tubos Falcon®
- 1 Pipeta de Pasteur
- 1 Pinzas de laboratorio

- Papel de filtro
- 1 Soporte
- 1 Aro (o pinza tres dedos)
- 1 Nuez doble
- 1 Embudo
- 1 Equipo de filtración a vacío: Büchner y Kitasato
- 1 Estufa
- 1 Desecador + gel de sílice
- 1 Frasco lavador

▸ Agua desionizada
▸ Nitrato de plomo(II) ($Pb(NO_3)_2$ (s))
▸ Yoduro de potasio (KI (s))

IMPORTANTE

El tubo Falcon® es un tubo de plástico graduado hasta 50 mL, cónico, con boca roscada y faldón. Estas características lo hacen indicado para la correcta realización de la práctica en comparación con otros recipientes habituales (p. ej., tubos de ensayo).

3.2. Influencia de la temperatura en la solubilidad en agua del nitrato de bario

- 2 Tubos Falcon®
- 1 Vaso de precipitados (100 mL)
- 1 Pipeta (20 mL)
- 1 Pera succionadora o aspirador manual para pipetas
- 1 Espátula
- 1 Pinzas para tubo de ensayo
- 2 Vidrios de reloj
- 1 Pinzas de laboratorio

- Papel de filtro
- 1 Equipo de filtración a vacío: Büchner y Kitasato
- 6 Termómetros digitales
- 6 Baños termostáticos
- 1 Estufa
- 1 Desecador + gel de sílice
- 1 Frasco lavador

▸ Agua desionizada
▸ Nitrato de bario (Ba(NO$_3$)$_2$ (s))

IMPORTANTE

Se propone determinar el efecto causado por la temperatura en la solubilidad en el rango entre 20 °C y 90 °C. Para ello, y con el objetivo de conseguir una serie de datos representativa, se plantea realizar el experimento en las siguientes condiciones:

Baño termostático	1	2	3	4	5	6
Temperatura (°C)	20	40	50	60	70	90

OBLIGATORIO

La bata bien abrochada y las gafas de seguridad
puestas en todo momento.

4. Descripción del procedimiento experimental

4.1. Precipitación y filtración del yoduro de plomo(II)

Para determinar experimentalmente el rendimiento de una reacción, basta con hacer reaccionar cantidades conocidas de los reactivos y medir la cantidad que se ha formado de uno de los productos de la reacción. Comparando esta cantidad con la que teóricamente debería haberse obtenido, se puede evaluar el rendimiento de dicha reacción.

En este experimento, se calcula el rendimiento de la reacción de precipitación del yoduro de plomo(II) (PbI_2) obtenido a partir de la reacción entre una disolución de nitrato de plomo(II) ($Pb(NO_3)_2$) y otra de yoduro de potasio (KI). Con este fin, se hacen reaccionar cantidades conocidas de ambos reactivos y se determina por gravimetría la cantidad de yoduro de plomo(II) (PbI_2) precipitado y recuperado mediante 2 técnicas de filtración (por gravedad y a vacío).

4.1.1. Preparación de las disoluciones

- Revisar el estado y limpieza del material. En caso de que esté sucio, LIMPIARLO.
- Preparar 50 mL de dos disoluciones de 0.5 M de nitrato de plomo(II) ($Pb(NO_3)_2$) y 0.5 M de yoduro de potasio (KI) empleando los matraces aforados.
- Numerar 2 tubos Falcon® limpios y secos.
- Verter 8.0 mL de la disolución de yoduro de potasio (KI) con la ayuda de una pipeta en ambos tubos Falcon®.
- Verter 8.0 mL de la disolución de nitrato de plomo(II) ($Pb(NO_3)_2$) valiéndose de la otra pipeta en ambos tubos Falcon®.
- Agitar cada tubo cuidadosamente con la varilla de vidrio y dejar decantar el precipitado formado durante un tiempo mínimo de 15 min, lavando con agua desionizada las paredes del tubo con ayuda de una pipeta de Pasteur en caso de que fuese necesario.
- Tras el proceso de decantación, fotografiar el resultado final con las partículas sólidas insolubles acumuladas en el fondo y anotar el volumen aproximado alcanzado por cada precipitado (**Figura 4**).

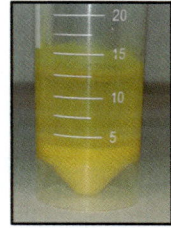

Figura 4. Aspecto del yoduro de plomo(II) (PbI$_2$) precipitado
en el interior del tubo Falcon®.

4.1.2. Recuperación del precipitado insoluble mediante filtración por gravedad y filtración a vacío

- Determinar la masa de yoduro de plomo(II) (PbI$_2$) obtenida en las reacciones llevadas a cabo en los tubos Falcon® nº 1 y nº 2 mediante
filtración por gravedad (tubo Falcon® nº 1) y filtración a vacío (tubo
Falcon® nº 2).

IMPORTANTE

Teniendo en cuenta que el objetivo de la práctica es cuantificar la cantidad de
PbI$_2$ precipitada, es necesario conocer el peso del papel de filtro y del vidrio
de reloj antes de su utilización.

- Retirar el papel de filtro cuidadosamente tras cada proceso de filtración
con la ayuda de las pinzas, colocarlo sobre el vidrio de reloj e introducirlo en la estufa a 105 °C durante al menos 30 min.
- Tras este tiempo, introducir la muestra en el desecador durante 10 min
y proceder a su pesada. Introducir nuevamente en la estufa durante
10 min y repetir el proceso de enfriamiento dentro del desecador.
- Comprobar que el peso de la muestra permanece constante. En caso
contrario, introducir nuevamente en la estufa.
- La diferencia de peso del conjunto respecto al sumatorio de las masas
del vidrio de reloj y el papel de filtro corresponde a la masa de yoduro
de potasio(II) (PbI$_2$) seca obtenida en cada uno de los casos.

4.1.3. Gestión de residuos

Los residuos generados durante la precipitación y filtración del yoduro de plomo(II) (PbI_2) deben gestionarse como:

- ° Disolución con metales pesados: disolución sobrante de nitrato de plomo(II) ($Pb(NO_3)_2$) y yoduro de potasio (KI) y las disoluciones filtradas que contienen yoduro de plomo(II) (PbI_2) y nitrato de potasio (KNO_3).
- ° Sólido inorgánico: sólido residual de yoduro de plomo(II) (PbI_2).
- ° Absorbentes, material de filtración: papeles de filtro.

4.2. Influencia de la temperatura en la solubilidad en agua del nitrato de bario

4.2.1. Preparación de las disoluciones

RECOMENDACIÓN

Es aconsejable realizar este apartado de la práctica de solubilidad por parejas ya que la filtración a vacío de cada muestra debe hacerse lo más rápido posible para que las disoluciones más calientes no pierdan temperatura durante la etapa de filtración y el error experimental sea mínimo.

Se propone que cada pareja realice un mínimo de 2 ensayos, completándose el rango de temperaturas compartiendo los resultados con el resto del alumnado.

- Numerar 2 tubos Falcon® limpios y secos.
- Preparar 2 tubos Falcon® (nº 3 y nº 4) cada uno con 5 g de $Ba(NO_3)_2$ y 20 mL de agua desionizada a temperatura ambiente. La masa de $Ba(NO_3)_2$ se pesa directamente en el interior del tubo Falcon®.
- Cerrar los tubos Falcon® y sumergir cada uno de ellos con la ayuda de una pinza para tubos de ensayo en un baño termostático diferente durante 10 min, agitando vigorosamente.
- Anotar la temperatura exacta del baño utilizado en cada caso.

4.2.2. Recuperación de la fracción insoluble mediante filtración a vacío

- Tras el proceso de calentamiento, determinar la masa de $Ba(NO_3)_2$ no disuelta en cada caso mediante filtración a vacío.

IMPORTANTE

La filtración a vacío debe realizarse lo más rápidamente posible para evitar un enfriamiento de la disolución y la consecuente precipitación de parte del soluto disuelto. Evidentemente, durante la filtración a vacío de la primera disolución, el segundo tubo Falcon® debe permanecer sumergido en el baño termostático. Además, teniendo en cuenta que el objetivo de la práctica es cuantificar la cantidad de $Ba(NO_3)_2$ precipitada, es necesario conocer el peso del papel de filtro y del vidrio de reloj antes de su utilización.

- Retirar el papel de filtro cuidadosamente tras el proceso de filtración con la ayuda de las pinzas, colocar sobre el vidrio de reloj e introducir en la estufa a 105 °C durante al menos 15 min.
- Tras este tiempo, introducir la muestra en el desecador durante 10 min y proceder a su pesada. Introducir nuevamente en la estufa durante 10 min y repetir el proceso de enfriamiento dentro del desecador.
- Comprobar que el peso de la muestra permanece constante. En caso contrario, introducir nuevamente en la estufa.
- La diferencia de peso del conjunto respecto al sumatorio de las masas del vidrio de reloj y el papel de filtro corresponde a la masa de nitrato de bario $(Ba(NO_3)_2)$ seca.

4.2.3. Gestión de residuos

Los residuos generados durante la realización de la práctica para observar la influencia de la temperatura en la solubilidad en agua del nitrato de bario $(Ba(NO_3)_2)$ deben gestionarse como:

- Disolución con metales pesados: disolución residual de nitrato de bario $(Ba(NO_3)_2)$.
- Sólido inorgánico: sólido residual de nitrato de bario $(Ba(NO_3)_2)$.

° Absorbentes, material de filtración: papeles de filtro.

5. Adquisición de resultados

Cada persona debe describir en su cuaderno de laboratorio (o soporte similar) los ensayos realizados y recoger todos los resultados de los experimentos desarrollados. Adicionalmente, para la correcta realización de esta práctica, cada persona debe:

- Indicar en la pizarra del laboratorio la masa de nitrato de bario ($Ba(NO_3)_2$) recuperada a su temperatura correspondiente. Asimismo, cada estudiante debe copiar los resultados obtenidos por el resto del alumnado, con el fin de poder representar y describir razonadamente como varía la solubilidad en agua del $Ba(NO_3)_2$ en función de la temperatura.

CUESTIONARIO

1. **Precipitación y filtración de yoduro de plomo(II)**

   1.1. Calcular la masa (expresada en g) de los reactivos necesaria para preparar las disoluciones de 50 mL de KI 0.5 M y $Pb(NO_3)_2$ 0.5 M.

   1.2. Indicar razonadamente qué sustancia actúa como reactivo limitante y calcular la masa teórica de yoduro de potasio (PbI_2) producida suponiendo un rendimiento teórico del 100 % si se mezclan 8 mL de KI 0.5 M y 8 mL de $Pb(NO_3)_2$ 0.5 M.

   1.3. Completar la **Tabla 1** con los resultados obtenidos y calcular el rendimiento de la reacción de precipitación del yoduro de plomo(II) (PbI_2) en los tubos Falcon® nº 1 (8.0 mL de KI 0.5 M + 8.0 mL de $Pb(NO_3)_2$ 0.5 M + filtración por gravedad) y nº 2 (8.0 mL de KI 0.5 M + 8.0 mL de $Pb(NO_3)_2$ 0.5 M + filtración a vacío).

Tabla 1. Resultados obtenidos en la práctica de precipitación y filtración del PbI_2.

Tubo Falcon®	1	2
Masa $_{INICIAL}$ (g) (vidrio de reloj + papel de filtro)		
Masa $_{FINAL}$ (g) (vidrio de reloj + papel de filtro + PbI_2 (s))		
Masa PbI_2 (s) experimental (g)		
Masa PbI_2 (s) teórica (g)		
Rendimiento (%)		

1.4. ¿Se ha obtenido un rendimiento superior al 100 % en alguno de los dos casos? Explicar razonadamente si ese resultado es posible. Si se hubiera obtenido un resultado cuyo rendimiento fuese >100 %, ¿a qué podría deberse?

1.5. Teóricamente, en los tubos Falcon® nº 1 y nº 2 debe obtenerse la misma masa de precipitado (PbI_2). ¿Se ha obtenido experimentalmente la misma masa de PbI_2 en los tubos Falcon® nº 1 y nº 2? En caso de que no se haya obtenido la misma masa de PbI_2 (o un valor muy similar), explicar razonadamente los motivos que expliquen esa diferencia. ¿Puede explicarse esa diferencia debido al método utilizado para recuperar la masa de PbI_2 precipitada (filtración ordinaria o filtración a vacío)? Comparar ambos métodos de filtración e indicar las ventajas y desventajas de cada uno de ellos. ¿Cuál de los 2 métodos sería recomendable emplear en este apartado de la práctica?

1.6. Durante la realización de la práctica, y después de sacar de la estufa el precipitado de yoduro de potasio (PbI_2) obtenido en la reacción, se introduce la muestra en un desecador durante unos minutos antes de proceder a su pesada. En este protocolo, la muestra debe ser almacenada en el interior del desecador, ya que la atmósfera de su interior está libre de humedad. ¿Cómo se asegura una atmósfera libre de humedad dentro del desecador?

2. Influencia de la temperatura en la solubilidad del nitrato de bario

2.1. Completar la **Tabla 2** con los resultados obtenidos, utilizando todos los datos, tanto los propios como los del resto del alumnado.

Tabla 2. Resultados experimentales – Solubilidad en agua del nitrato de bario $(Ba(NO_3)_2)$.

Temperatura (°C)						
Masa $Ba(NO_3)_2$ disuelta (g)						
Masa $Ba(NO_3)_2$ sin disolver (g)						
Solubilidad experimental (g $Ba(NO_3)_2$/100 g H_2O)						

En la **Tabla 3**, se muestran los valores de solubilidad teórica del $Ba(NO_3)_2$ en agua en función de la temperatura.

Tabla 3. Valores teóricos – Solubilidad en agua del nitrato de bario $(Ba(NO_3)_2)$.

Temperatura (°C)	25	40	50	60	70	90
Solubilidad teórica (g $Ba(NO_3)_2$/100 g H_2O)	10.25	14.16	17.23	20.48	23.92	30.72

Bibliografía: CRC Handbook of Chemistry and Physics, 103th Edition.

2.2. Representar gráficamente (con la ayuda de un programa informático (no manualmente)) las 2 series de datos disponibles: los datos de solubilidad experimental del $Ba(NO_3)_2$ de la **Tabla 2** y los datos de solubilidad teórica del $Ba(NO_3)_2$ de la **Tabla 3**.

2.3. Indicar si el incremento de la solubilidad con la temperatura es lineal en ambos casos. Responder razonadamente agregando para ello la línea de tendencia empleando la regresión lineal.

2.4. Calcular el valor de la solubilidad teórica para las 2 temperaturas experimentales (las 2 temperaturas ensayadas en el laboratorio) utilizando para ello la ecuación de la solubilidad teórica obtenida en la gráfica de la *Pregunta 2.3*. Indicar los cálculos realizados.

2.5. Calcular el error relativo $\left(\dfrac{x_i - \mu}{\mu}\right)$ de las muestras estudiadas, siendo «μ» el valor teórico calculado en el apartado anterior. Indicar los cálculos realizados.

TEST DE EVALUACIÓN

1. **Para sacar las muestras de la estufa...**

   A. Es importante no quitarse nunca los guantes.

   B. Se pueden emplear las pinzas que se han utilizado para separar el filtro del embudo.

   C. Por motivos de seguridad, hay que apagar la estufa y esperar a que esta se enfríe.

   D. Es necesario ponerse los guantes de protección térmica.

2. **El desecador de la imagen es un recipiente de vidrio Pyrex grueso que se usa para...**

   A. Guardar las muestras en su interior tras un proceso de calentamiento.

   B. Enfriar las muestras acumuladas en su interior antes de proceder a su pesada.

   C. Secar las muestras (retirar el agua/humedad que tengan acumulada).

   D. Evitar que la humedad ambiental afecte a las muestras acumuladas en su interior.

3. **Durante el ensayo para averiguar el efecto de la temperatura en la solubilidad de los sólidos en agua...**

   A. Se recurre a la filtración a vacío, ya que se desea recuperar el filtrado para su posterior uso.

   B. Se debe realizar la filtración a vacío lo más rápidamente posible para evitar que el soluto continúe disolviéndose.

   C. Se realiza una filtración a vacío empleando un embudo Büchner con un papel de filtro circular colocado en el fondo del embudo. El embudo se ajusta sobre un matraz Kitasato.

   D. Se recurre a la filtración por gravedad, ya que se desea recuperar el filtrado para su posterior uso.

4. **Seleccionar la respuesta correcta.**

   A. En caso de que parte del PbI_2 (precipitado amarillo) quedase retenido en el tubo Falcon® durante el proceso de filtración, siempre puede utilizarse una cantidad adicional de agua para arrastrarlo al montaje de filtración.

   B. En caso de que parte del $Ba(NO_3)_2$ (sólido blanco) quedase retenido en el tubo Falcon® durante el proceso de filtración, siempre puede utilizarse una cantidad adicional de agua para arrastrar dicha sustancia hacia el montaje de filtración.

   C. Durante la filtración a vacío, nunca es posible utilizar agua adicional para arrastrar el sólido hacia el montaje Büchner-Kitasato.

   D. Durante la filtración por gravedad, nunca es posible utilizar agua adicional para arrastrar el sólido hacia el embudo cónico que contiene el papel de filtro.

5. **Tras la realización de la práctica relacionada con el estudio del efecto de la temperatura en la solubilidad del $Ba(NO_3)_2$ en agua, se debe limpiar y gestionar los residuos generados, los cuales serán del tipo:**

   A. *Disoluciones con metales pesados, sólidos inorgánicos y absorbentes, material de filtración.*

   B. *Disoluciones inorgánicas ácidas, sólidos inorgánicos y absorbentes, material de filtración.*

   C. *Disoluciones con metales pesados y absorbentes, material de filtración.*

   D. *Disoluciones con metales pesados y sólidos inorgánicos.*

Tipos de sólidos cristalinos

1. Objetivos

En esta práctica se aprende a identificar diferentes tipos de sólidos cristalinos existentes a partir de sus propiedades físico-químicas.

2. Conocimientos previos

Los sólidos cristalinos son aquellos cuyas partículas constituyentes (átomos, iones o moléculas) tienen un arreglo ordenado. Las propiedades físicas de los sólidos cristalinos (ejemplo: punto de fusión y dureza) dependen tanto de los arreglos que forman las partículas (átomos, iones o moléculas) como de las fuerzas de atracción entre ellas (**Tabla 1**).

Tabla 1. Clasificación de los tipos de sólidos cristalinos en función de la fuerza de cohesión entre las partículas.

Tipo de sólido	Partículas estructurales	Fuerza entre las partículas	Propiedades
Atómico	Átomos	Fuerza de dispersión de London	Blandos; puntos de fusión extremadamente bajos o moderados (dependiendo de la masa molar); subliman en algunos casos; solubles en algunos disolventes no polares
Molecular apolar	Moléculas apolares		
Molecular polar	Moléculas polares	Fuerza de dispersión de London Fuerzas dipolo-dipolo	Punto de fusión de bajos a moderados; solubles en algunos disolventes polares y no polares
Molecular polar con enlaces de hidrógeno	Moléculas con átomos de H unidos a átomos de N, O o F	Fuerza de dispersión de London Fuerzas dipolo-dipolo Enlaces por puente de hidrógeno	Puntos de fusión de bajos a moderados; solubles en algunos disolventes por enlace de hidrógeno y algunos disolventes polares
Red covalente	Átomos conectados en una red de enlaces covalentes	Enlaces covalentes	Muy duros, punto de fusión muy elevado, conductividad térmica y eléctrica variable*
Iónico	Iones positivos y negativos (cationes y aniones)	Atracciones electrostáticas	Duros y quebradizos, punto de fusión elevado, baja conductividad térmica y eléctrica
Metálico	Átomos con los cationes fijos y los electrones deslocalizados	Enlaces metálicos	Propiedades variables: de blandos a muy duros, punto de fusión de bajos a muy elevados, excelente conductividad térmica y eléctrica, maleables y dúctiles

*Existen múltiples excepciones: el grafito presenta una gran conductividad eléctrica entre los planos de los átomos de carbono y el diamante tiene la mayor conductividad térmica entre todas las sustancias conocidas.

3. Descripción del material y reactivos

- 1 Espátula
- 1 Vidrio de reloj
- 1 Aparato para la medición digital de la temperatura de fusión
- 3 Tubos capilares
- 3 Vasos de precipitados (100 mL)
- 1 Polímetro

- 1 Baño termostático
- 2 Matraces aforados (50 mL)
- 1 Varilla de vidrio
- 1 Conductímetro
- 1 Frasco lavador

- ► Sustancia A
- ► Sustancia B

- ► Sustancia C
- ► Sustancia D

Las identidades de las sustancias desconocidas (A, B, C y D) son ácido mesotartárico (HOOC-(CHOH)$_2$-COOH), galio (Ga), naftaleno (C$_{10}$H$_8$) y urea (CO(NH$_2$)$_2$), aunque el alumnado no sabe qué letra representa a cada uno de los compuestos.

OBLIGATORIO

La bata bien abrochada y las gafas de seguridad
puestas en todo momento.

En esta práctica, se plantea el reto de identificar 4 sólidos a partir de sus propiedades químicas determinadas mediante 4 ensayos: capacidad para conducir en estado sólido, temperatura de fusión, solubilidad en agua y conductividad en disolución acuosa. Se propone trabajar con un sólido metálico blando como el galio y 3 sólidos orgánicos pulverulentos como son el ácido mesotartárico, naftaleno y urea.

Para realizar el ensayo de la determinación de la capacidad conductora de las sustancias mencionadas en estado sólido, es necesario prensar las 3 sustancias pulverulentas con el objetivo de conseguir un aglomerado que permita su manipulación (**Figura 1**).

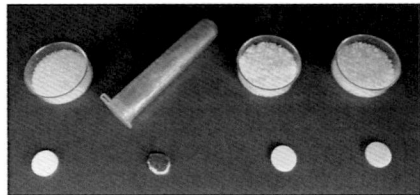

Figura 1. Aspecto de las muestras A, B, C y D (de izda. a dcha.).

En el ensayo para la determinación de la temperatura de fusión, el equipo empleado en esta práctica requiere introducir la muestra en tubos capilares y, por lo tanto, en el caso del galio se determina con la ayuda de un baño termostático.

4. Descripción del procedimiento experimental

4.1. Determinación de la conductividad en estado sólido

En este apartado, se pretende comprobar la conductividad en estado sólido de las 4 sustancias. Teóricamente, solo el galio (Ga) es capaz de conducir la electricidad en estado sólido al tratarse de un compuesto metálico.

- Revisar el estado y limpieza del material. En caso de que esté sucio, LIMPIARLO.
- Emplear un polímetro (**Figura 2**) para medir la capacidad para conducir la corriente eléctrica de las 4 muestras mediante una prueba de continuidad. Para ello, encender el equipo y colocar la ruleta en la posición modo de prueba de continuidad (símbolo •))).
- Insertar la sonda de prueba negra en el conector COM, la sonda de prueba roja en el conector VΩ y poner en contacto las puntas de ambas sondas con la muestra a estudio. El polímetro emite un pitido si se detecta continuidad, esto es, si la sustancia en estado sólido es conductora.
- Anotar los resultados obtenidos.

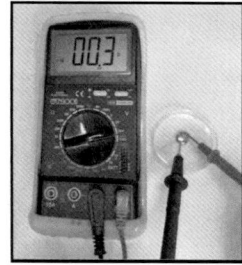

Figura 2. Determinación de la conductividad en estado sólido
empleando un polímetro.

4.2. Determinación de la temperatura de fusión

En este apartado, se pretende determinar la temperatura de fusión de las
4 sustancias. Teóricamente, las temperaturas de fusión a P_{atm} son aprox. 30 °C,
80 °C, 132 °C y 165 °C para el galio, el naftaleno, la urea y el ácido mesotartárico, respectivamente.

Para la determinación de la temperatura de fusión de todas las sustancias a
excepción del galio se emplea un medidor digital de la temperatura de fusión
modelo Electrothermal IA9100. Este equipo dispone de un cabezal donde se
pueden introducir hasta 3 tubos capilares que se emplean para contener las
muestras a estudio (**Figura 3**).

Comandos CLEAR, ▲ y ▼ utilizados
para indicar el nuevo valor del
punto de consigna o setpoint.

Comando GO TO, utilizado para dar
comienzo al incremento progresivo
(1 °C/min) de la temperatura

Figura 3. Equipo Electrothermal IA9100 empleado para la medición digital
de la temperatura de fusión.

- Revisar el estado y limpieza del material. En caso de que esté sucio, LIMPIARLO.
- Rellenar 3 tubos capilares (cada uno de ellos con una sustancia diferente) hasta una altura de 3-4 mm (**Figura 4**), introduciendo cada tubo capilar boca abajo en el recipiente que contiene cada muestra y colocarlos en el cabezal del equipo (**Figura 3**).

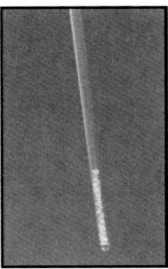

Figura 4. Tubo capilar con la muestra A en su interior
hasta una altura de 3-4 mm.

- Encender el equipo y establecer el valor nominal o punto de consigna en 77 °C, aprox. 3 °C menos que la temperatura de fusión teórica del naftaleno (sustancia con menor temperatura de fusión a excepción del galio). Para ello, pulsar el comando CLEAR y establecer el valor nominal con la ayuda de los comandos ▲ (se suman 10 °C cada vez que se pulsa el comando) y ▼ (se resta 1 °C cada vez que se pulsa el comando). Cuando el equipo alcanza dicha temperatura, emite 3 pitidos.
- A continuación, pulsar el comando GO TO (**Figura 3**), de modo que la temperatura comienza a ascender al ritmo de 1 °C por min. Transcurridos 3-4 min, se debe observar por el ocular cómo funde la sustancia acumulada en el interior de uno de los 3 capilares.
- Anotar la temperatura de fusión experimental.
- A continuación, retirar dicho tubo capilar y establecer el valor nominal en 130 °C ya que, teóricamente, el siguiente compuesto con menor temperatura de fusión es la urea y debe fundir a 132-135 °C. Tras alcanzar el valor de consigna y en un intervalo de pocos minutos se debe observar cómo funde otra de las sustancias introducidas en uno de los 2 capilares restantes.

- Anotar la temperatura de fusión experimental.
- Extraer el segundo tubo capilar con la sustancia fundida y establecer el valor nominal en 162 °C, ya que el ácido mesotartárico funde a 165-166 °C. Repetir el proceso de calentamiento y anotar la temperatura experimental registrada para la fusión de la última sustancia.
- En el caso de la muestra identificada como galio en el anterior apartado, sumergir el recipiente que contiene la sustancia en el interior de un baño termostático a 30 °C y comprobar si efectivamente la temperatura de fusión de la muestra coincide con la de este metal blando y plateado.

4.3. Determinación de la solubilidad en agua

En este apartado, se pretende comprobar la solubilidad en agua de las 4 muestras. Teóricamente, solo el ácido mesotartárico y la urea son capaces de disolverse en agua al tratarse de moléculas polares.

- Revisar el estado y limpieza del material. En caso de que esté sucio, LIMPIARLO.
- Verter con la ayuda de la espátula una pequeña cantidad de cada sustancia (a excepción del galio) en cada uno de los 3 vasos de precipitados, agitar y comprobar si efectivamente solo es posible disolver en agua las muestras identificadas como ácido mesotartárico y urea.
- Anotar los resultados obtenidos.

4.4. Determinación de la conductividad en disolución

En este apartado, se pretende estudiar la conductividad en disolución acuosa de aquellas sustancias capaces de disolverse en agua en el anterior ensayo.

- Revisar el estado y limpieza del material. En caso de que esté sucio, LIMPIARLO.
- Preparar una disolución de 50 mL con una concentración 0.1 M por cada una de las sustancias solubles en agua con la ayuda de un matraz aforado.
- Verter cada una de las disoluciones preparadas en un vaso de precipitados.

- Medir la conductividad de cada disolución con la ayuda de un conductímetro (**Figura** 5), introduciendo la sonda en la disolución y pulsando el comando S/cm.
- Anotar los valores de conductividad registrados.

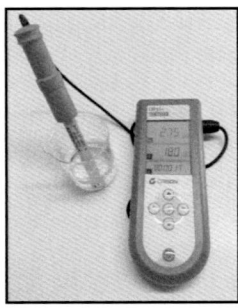

Figura 5. Determinación de la conductividad en disolución.

4.5. Gestión de residuos

Los tubos capilares utilizados durante la práctica para determinar la temperatura de fusión de las muestras a estudio son un residuo peligroso y, por lo tanto, se deben depositar en el bidón de vidrio roto. Las disoluciones acuosas residuales generadas durante la comprobación de la solubilidad en agua de todas las sustancias a excepción del galio deben gestionarse como disoluciones acuosas orgánicas.

CUESTIONARIO

1. Completar la **Tabla 1** a partir de los resultados obtenidos experimentalmente.

Tabla 1. Características físico-químicas de las 4 sustancias desconocidas.

Muestra	A	B	C	D
Estado de agregación (T_{amb})				
$T_{fusión\ experimental}$ (°C)				
Conductividad en estado sólido (SI/NO)				
Soluble en agua (SI/NO)				
Conductividad en disolución acuosa (SI/NO)				
Conductividad en disolución acuosa (S/cm)				
Tipo de sólido				
Fuerzas de cohesión entre las partículas				

2. Determinar razonadamente en base a las propiedades físico-químicas y el tipo de sólido definido en la **Tabla 1** la identidad de cada una de las muestras desconocidas.

3. Uno de los factores principales que determina la conductividad de una disolución iónica es la concentración de especies iónicas (cationes y aniones) presentes en la disolución. Calcular la concentración de especies iónicas en equilibrio para las disoluciones de urea ($CO(NH_2)_2$) 0.1 M y ácido mesotartárico ($HOOC(CHOH)_2COOH$) 0.1 M preparadas para la práctica. ¿Se puede suponer despreciable la concentración de [H^+] adicional producida en la segunda ionización en el caso del ácido?

Datos

- K_{a1} ácido mesotartárico (a 25 °C) = $6.8 \cdot 10^{-4}$
- K_{a2} ácido mesotartárico (a 25 °C) = $1.2\ 10^{-5}$
- K_b urea (a 25 °C) = $1.5\ 10^{-14}$

4. A la vista de la concentración total de especies iónicas presentes en las disoluciones de ácido mesotartárico 0.1 M y urea 0.1 M calculada en el apartado anterior, explicar razonadamente si los valores de conductividad experimentales obtenidos para ambas disoluciones son coherentes.

TEST DE EVALUACIÓN

1. **En la ficha de datos de seguridad del naftaleno ($C_{10}H_8$) aparecen los siguientes pictogramas. Teniendo en cuenta su significado, se deduce que se trata de una sustancia...**

   A. Con peligro de explosión en caso de calentamiento.
   B. Comburente.
   C. Tóxica por inhalación.
   D. Inflamable.

2. **Seleccionar la respuesta correcta.**

   A. Es necesario realizar una muestra blanco con agua desionizada antes de comenzar con el ensayo para determinar la conductividad en disolución de las sustancias solubles en agua.
   B. Se determina la capacidad para conducir la corriente eléctrica en estado sólido con la ayuda de un conductímetro.
   C. El galio presenta las fuerzas intermoleculares más débiles y por eso presenta el punto de fusión más bajo.
   D. Durante la prueba de continuidad, se aplica una pequeña tensión conocida entre los extremos de las puntas de prueba, de forma que se hace pasar una pequeña corriente a través de la sustancia sólida para determinar su resistencia.

3. **La disolución acuosa residual generada durante la comprobación de la solubilidad del ácido mesotartárico en agua debe verterse en la garrafa de...**

   A. *Disoluciones acuosas inorgánicas* ya que el disolvente es agua y son disoluciones muy diluidas.
   B. *Disoluciones inorgánicas ácidas* puesto que contiene ácido tartárico.
   C. *Disoluciones acuosas orgánicas.*
   D. *Disoluciones inorgánicas básicas* para neutralizar el ácido tartárico disuelto.

4. **Seleccionar la respuesta correcta.**

A. El ácido mesotartárico (HOOC-$(CHOH)_2$-COOH) presenta la mayor temperatura de fusión debido a sus fuerzas intermoleculares más intensas.

B. En el ensayo para la determinación del punto de fusión, los tubos capilares deben llenarse hasta la línea de enrase.

C. La temperatura de fusión del galio (Ga) es la más elevada ya que se trata de un sólido metálico, mientras que el resto de las sustancias (ácido mesotartárico (HOOC-$(CHOH)_2$-COOH), naftaleno ($C_{10}H_8$) y urea ($CO(NH_2)_2$) son sólidos moleculares.

D. El naftaleno ($C_{10}H_8$), la urea ($CO(NH_2)_2$) y el ácido mesotartárico (HOOC-$(CHOH)_2$-COOH) son sólidos moleculares y, por lo tanto, las 3 sustancias son solubles en un disolvente de carácter molecular como el agua.

5. **Un matraz aforado es...**

A. Un instrumento clasificado como material cuantitativo, de alta precisión y exactitud.

B. Un instrumento empleado para preparar disoluciones de concentración conocida. En su interior se vierten el soluto sólido y el disolvente líquido necesarios hasta alcanzar la línea de enrase.

C. Un instrumento empleado para preparar disoluciones de concentración conocida. Durante este procedimiento, hay que evitar que el menisco (curvatura que toma la superficie libre de la disolución en el cuello del matraz) supere la línea de enrase.

D. Un instrumento empleado para transferir volúmenes líquidos.

Reacciones redox (1ª parte)

1. Objetivos

Los objetivos de esta práctica son:
- Comprobar la espontaneidad de una reacción de oxidación-reducción.
- Determinar la constante de Avogadro mediante electrolisis.

2. Conocimientos previos

2.1. El número de Avogadro y el mol

El mol es la unidad de conteo o magnitud del SI empleada para medir la cantidad de sustancia, y se emplea para describir el número de átomos, moléculas o iones que forman una muestra de tamaño común o que toman parte en una reacción química visible.

Tal y como se observa en los siguientes ejemplos, el número de entidades elementales (átomos, moléculas o iones, entre otros) en un mol viene definido por el número de Avogadro (N_A), y su valor equivale aproximadamente a $6.022 \cdot 10^{23}$ mol^{-1} (el valor exacto a partir del 20 de mayo de 2019 es $6.02214076 \cdot 10^{23}$ mol^{-1}, IUPAC (*https://goldbook.iupac.org/*)).

- 1 mol de átomos de He = $6.022 \cdot 10^{23}$ átomos de He = 4.00 g He
- 1 mol de moléculas de H_2O = $6.022 \cdot 10^{23}$ moléculas H_2O = 18.01 g H_2O
- 1 mol de iones de NH_4^+ = $6.022 \cdot 10^{23}$ iones de NH_4^+ = 18.04 g NH_4^+

2.2. Celdas electroquímicas

Existen 2 tipos básicos de celdas electroquímicas: las celdas voltaicas o galvánicas y las celdas electrolíticas.

2.2.1. Celda voltaica o galvánica

Este dispositivo utiliza la energía liberada en una reacción de oxidación-reducción espontánea para generar energía eléctrica. La celda voltaica/galvánica convierte la energía química en energía eléctrica mientras el potencial redox de la celda (E) disminuye de manera progresiva hasta alcanzar el equilibrio (E = 0).

2.2.2. Espontaneidad de una reacción redox

Es posible predecir si una reacción redox en condiciones de estado estándar (gases puros a 1 atm de presión, solutos a la concentración 1 M y una temperatura específica, normalmente 25 °C) se va a producir o no de forma espontánea. Para ello basta con calcular el potencial estándar de la reacción como si se formase una celda o pila voltaica. A continuación, se resume el procedimiento:

- Determinar la semirreacción de oxidación y la semirreacción de reducción en condiciones estándar. En una pila voltaica, el cátodo (donde se efectúa la reducción) es el electrodo con el potencial estándar de reducción ($E°_{\text{REDUCCIÓN}}$) más positivo (menos negativo) y el ánodo (donde ocurre la oxidación) es el electrodo con el $E°_{\text{REDUCCIÓN}}$ más negativo (menos positivo).
- Determinar la reacción global de oxidación-reducción.
- Calcular el potencial estándar de la reacción redox ($E°_{\text{CELDA}}$) a partir de la siguiente ecuación:

$$E°_{\text{CELDA (PILA)}} = E°_{\text{REDUCCIÓN (CÁTODO)}} - E°_{\text{REDUCCIÓN (ÁNODO)}} =$$
$$E°_{\text{REDUCCIÓN (CÁTODO)}} + E°_{\text{OXIDACIÓN (ÁNODO)}}$$

- Si E°_{CELDA} es positivo, la reacción redox en condiciones estándar tiene lugar de forma espontánea en sentido directo. Si E°_{CELDA} es negativo, la reacción sucede de forma espontánea en sentido inverso.

En las celdas galvánicas reales, los potenciales de celda dependen de la temperatura y de las concentraciones y las presiones parciales de los reactivos y productos que forman la reacción redox. Además, estos valores cambian a medida que avanza dicha reacción. En este caso, se recurre a la ecuación de Nernst para calcular potenciales de celda bajo condiciones no estándar:

$$E = E^{\circ} - \frac{R \cdot T}{n \cdot F} \cdot \ln Q$$

- Q = Cociente de la reacción. Para su determinación, los sólidos y líquidos puros tienen un valor de 1, los gases puros se indican mediante su presión parcial (atm) y los compuestos en disolución mediante su concentración (mol/L).
- n = número de electrones transferidos en la reacción redox ajustada.
- R = Constante universal de los gases ideales (8.314 J/(mol·K)).
- T = Temperatura absoluta (K).
- F = Constante de Faraday (96485 C/mol).

2.2.3. Celda electrolítica

Este dispositivo utiliza energía eléctrica para producir una reacción de oxidación-reducción no-espontánea denominada electrolisis. La celda electrolítica convierte la energía eléctrica en energía química cuando una corriente eléctrica activa una reacción no-espontánea (esto es, E < 0) en la dirección en la que se aleja del equilibrio.

2.2.4. Leyes de Faraday de la electrolisis

1º **Ley de Faraday:** La masa de cualquier sustancia liberada o depositada en un electrodo es directamente proporcional a la carga eléctrica (es decir, a la cantidad de electricidad medida en culombios (C)) que ha pasado por el electrolito. En otras palabras, la masa liberada o depositada es directamente propocional a la intensidad de corriente (I) y al tiempo que dura la electrolisis (t).

2º **Ley de Faraday:** Para una determinada cantidad de electricidad (carga eléctrica), la masa depositada de una sustancia en un electrodo es directamente proporcional a la masa molar de la sustancia e inversamente proporcional al coeficiente estequiométrico asignado al electrón en la reacción de reducción.

En la **Tabla 1** se resumen los conceptos enunciados en las Leyes de Faraday.

Tabla 1. Ejemplos aplicados de las Leyes de Faraday.

Proceso	$n_{depositados}$	$m_{depositada}$	$n_{e^-\ necesarios}$	Carga eléctrica
$K^+ (aq) + 1\ e^- \rightarrow K\ (s)$	1 mol K	39.10 g	1 mol e$^-$	96485 C (1 F)
$Zn^{2+} (aq) + 2\ e^- \rightarrow Zn\ (s)$	1 mol Zn	65.38 g	2 mol e$^-$	2·96485 C (2 F)
$Al^{3+} (aq) + 3\ e^- \rightarrow Al\ (s)$	1 mol Al	26.98 g	3 mol e$^-$	3·96485 C (3 F)

Se puede observar que la cantidad de producto formado debido a la reacción en el electrodo (m_K, m_{Zn} o m_{Al}) depende de la estequiometria de la reacción y de la masa molar del producto.

La constante de Faraday (F) es la cantidad de carga eléctrica asociada a un mol de electrones. Sabiendo que 1 mol de e$^-$ equivale a $6.022 \cdot 10^{23}$ e$^-$ y que la carga de 1 e$^-$ equivale a $1.60 \cdot 10^{-19}$ C, se obtiene la siguiente relación:

$$1\ F = 96485\ \frac{C}{mol} = 96485\ \frac{J}{V \cdot mol}$$

2.2.5. Aspectos cuantitativos de la electrolisis

En la **Figura 1** se muestra un diagrama de flujo útil para calcular la cantidad de producto obtenido al pasar una corriente por una celda electrolítica durante un tiempo determinado.

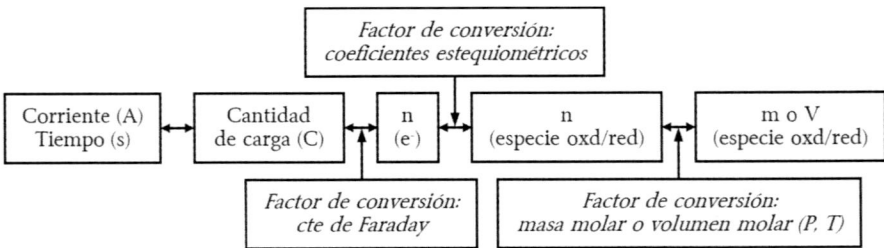

Figura 1. Secuencia de conversión que relaciona la carga eléctrica y la cantidad de reactivo o producto en el proceso de electrolisis.

3. Descripción del material y reactivos

3.1. Espontaneidad de una reacción redox

- 1 Vaso de precipitados (100 mL)
- 1 Vaso de precipitados (400 mL)
- 1 Varilla de vidrio
- 1 Vidrio de reloj
- 1 Pinzas de laboratorio
- Papel de filtro

- 1 Espátula
- 1 Equipo de filtración a vacío: Büchner y Kitasato
- 1 Estufa
- 1 Desecador + gel de sílice
- 1 Frasco lavador

► Hilo de cobre metálico puro (Cu) (~20 cm)
► Disolución de nitrato de plata (AgNO$_3$ (aq)) 0.1 M

3.2. Determinación de la constante de Avogadro mediante electrolisis

- 1 Vaso de precipitados (250 mL)
- 1 Probeta (100 mL)
- 1 Vidrio de reloj
- 1 Fuente de alimentación
- 1 Placa de Petri (ø 150 mm)
- 1 Polímetro
- 1 Soporte
- 1 Pinza tres dedos

- Papel de filtro
- 3 Cables de conexión: 1 cable banana-banana y 2 cables cocodrilo-banana
- 1 Equipo de filtración a vacío: Büchner y Kitasato
- 1 Estufa
- 1 Desecador + gel de sílice
- 1 Frasco lavador

► Hilo de cobre (Cu) o zinc (Zn) met. largo (~55 cm) y corto (~16 cm)
► Disolución de sulfato de cobre(II) (CuSO$_4$ (aq)) 0.4 M
► Disolución de sulfato de zinc (ZnSO$_4$ (aq)) 0.4 M

OBLIGATORIO

La bata bien abrochada y las gafas de seguridad
puestas en todo momento.

4. Descripción del procedimiento experimental

4.1. Espontaneidad de una reacción redox

- Pesar el hilo de cobre en la balanza analítica.
- Enrollar el hilo de cobre (Cu) alrededor de la varilla de vidrio en forma espiral y formar en el extremo un asidero o mango curvo que se emplea como soporte del hilo en el borde del vaso de precipitados de 100 mL.
- Verter con la ayuda de la probeta 90 mL de la disolución de nitrato de plata ($AgNO_3$) 0.1 M al vaso de precipitados, de modo que la mayor parte del hilo de cobre quede introducido en la disolución. Cubrir el vaso con un vidrio de reloj.

IMPORTANTE

El contacto del nitrato de plata con la piel o con la ropa produce una coloración negra que tarda algunos días en desaparecer. Además, cualquier derrame por pequeño que sea provoca también una coloración de la superficie. Por lo tanto, hay que manipular esta disolución con cuidado.

- Dejar que la reacción avance durante 40 min. Observar y anotar todo lo que va sucediendo en el interior del vaso de precipitados.

RECOMENDACIÓN

Es recomendable sacar fotos periódicamente o grabar la evolución de la reacción mediante alguna aplicación del teléfono móvil que permita crear videos con la técnica *time-lapse* o cámara rápida (esto es, capturar de forma rápida sucesos que ocurren lentamente).

- Desprender el precipitado de plata (Ag (*s*)) agitando la espiral y golpeándola suavemente contra las paredes del vaso de precipitados.

- Retirar la espiral de cobre del vaso de precipitados, separando los cristales de Ag que puedan haber quedado adheridos mediante pulsos de agua desionizada con la ayuda del frasco lavador dentro del vaso de precipitados de 250 mL.
- Introducir la espiral de cobre en la estufa durante 30 min. Tras este tiempo, introducir la muestra en el desecador durante 10 min y pesar.
- Recuperar la plata sólida (Ag (s)) mediante filtración a vacío, empleando un embudo Büchner con un papel de filtro circular y un matraz Kitasato.

IMPORTANTE

Teniendo en cuenta que se desea cuantificar la cantidad de Ag precipitada, es necesario conocer el peso del papel de filtro y del vidrio de reloj antes de su utilización.

- Retirar el papel de filtro cuidadosamente con la ayuda de las pinzas, colocarlo sobre el vidrio de reloj e introducirlo en la estufa a 105 °C durante 30 min.
- Tras este tiempo, introducir la muestra en el desecador durante 10 min y pesar. Introducir nuevamente en la estufa durante 10 min y repetir el proceso de enfriamiento dentro del desecador.
- Comprobar que el peso de la muestra permanece constante. En caso contrario, introducirla nuevamente en la estufa.
- La diferencia de peso del conjunto respecto al sumatorio de las masas del vidrio de reloj y el papel de filtro corresponde a la masa de plata sólida (Ag (s)) seca obtenida.

4.1.1. Gestión de residuos

Los residuos generados durante la práctica para comprobar la espontaneidad de una reacción redox deben gestionarse como:

- Disolución con metales pesados: disolución filtrada de nitrato de plata ($AgNO_3$) que también contiene cationes de cobre (Cu^{2+} (aq)).
- Sólido inorgánico: sólido residual de plata (Ag (s)) obtenido tras el filtrado.

° Absorbentes, material de filtración: papeles de filtro.

4.2. Determinación de la constante de Avogadro mediante electrolisis

Uno de los métodos habituales para determinar experimentalmente el valor de la constante de Avogadro (N_A) se basa en la coulombimetría, procedimiento fundamentado en la medición de la cantidad de electricidad necesaria para transformar la masa de una sustancia conocida mediante en una reacción de electrolisis. Puesto que la constante de Faraday representa la carga eléctrica de un mol de electrones y su valor es conocido (1 F = 96485 C/mol), es posible determinar el valor de N_A por medio de una reacción de electrolisis conociendo la carga y la masa de la sustancia obtenida (A. Tomás-Serrano, R. Garcia-Molina, *Anales de Química* 113, 47-53 (2017)).

A continuación, se presenta la descripción correspondiente a la electrolización de una disolución de sulfato de cobre(II) ($CuSO_4$ (*aq*)). El procedimiento es análogo para el caso del sulfato de zinc ($ZnSO_4$(*aq*)).

4.2.1. Fijación de la corriente eléctrica con voltaje constante

Una fuente de alimentación para uso en el laboratorio típica como la empleada en esta práctica proporciona una tensión de salida variable entre 0 V y 30 V. A continuación se describe el montaje y los pasos para fijar la corriente eléctrica.

- Insertar un extremo del cable banana-banana en el conector VΩ del polímetro y el otro en la salida positiva (+) de la fuente de alimentación. Por otro lado, insertar el conector banana de uno de los cables cocodrilo-banana en el conector COM del polímetro y el conector banana del otro cable cocodrilo-banana en la salida negativa (-) de la fuente. Conectar ambos cables mediante las pinzas cocodrilo (**Figura 2**).

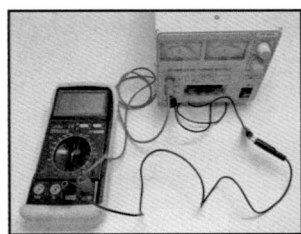

Figura 2. Montaje para la fijación de la corriente eléctrica con voltaje constante.

- Encender la fuente de alimentación (se ilumina el led ON) y girar el dial de control del voltaje hasta alcanzar una tensión fija de 12 V (modo voltaje constante (CV)). Además, es necesario fijar una intensidad suficiente (entre 1 A y 1.5 A) para que, cuando se realice la electrolisis, la corriente demandada/extraída por el montaje del circuito eléctrico no alcance el límite de corriente fijado, provocando que la fuente de alimentación no controle el voltaje (cambio automático al modo corriente constante (CC)) y produciéndose una caída de tensión. Para ello, se gira el dial de control de corriente hasta que en el indicador de corriente se alcance una intensidad entre 1 A y 1.5 A.

4.2.2. Procedimiento experimental

- Revisar el estado y limpieza del material. En el caso de que esté sucio, LIMPIARLO.
- Pesar los hilos de cobre en la balanza analítica.
- Preparar el montaje, sujetando ambos electrodos (cátodo: hilo corto de forma lineal con su extremo colocado en el centro de la placa de Petri; ánodo: hilo largo de forma circular con un diámetro ligeramente inferior al de la placa de Petri) con la ayuda de la pinza tres dedos fijada al soporte.
- Realizar el montaje del circuito eléctrico tal y como se indica en la **Figura** 3. Para tal fin, con la fuente de alimentación eléctrica apagada, extraer el extremo del cable banana-banana del conector VΩ del polímetro y enchufarlo al terminal A de la fuente de alimentación, ya que se desea medir la intensidad de corriente (medido en A) a lo largo del ensayo.
- A continuación, conectar al hilo de cobre lineal (cátodo) la pinza cocodrilo del cable cocodrilo-banana unido al polímetro y al hilo de cobre circular (ánodo) la pinza cocodrilo del otro cable unido a la fuente de alimentación eléctrica.

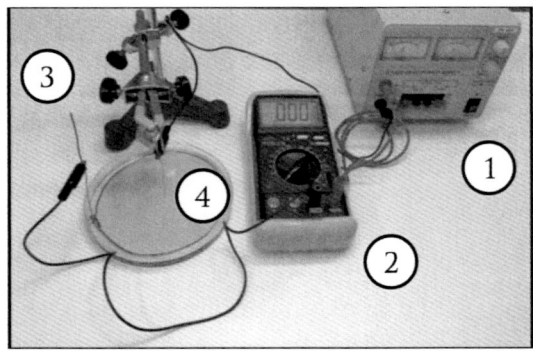

Figura 3. Montaje de la celda electrolítica con los diferentes elementos que integran el circuito eléctrico. (1) Fuente de alimentación, (2) polímetro, (3) ánodo circular de cobre, y (4) cátodo lineal de cobre.

- Los 2 hilos hacen la función de ánodo y cátodo. En realidad, no es necesario que el cátodo (hilo corto de forma lineal) sea del mismo metal (Cu o Zn) contenido en la disolución empleada, valdría con incorporar cualquier electrodo fabricado con un material inerte (p. ej., platino o grafito). El ánodo, por el contrario, ha de ser obligatoriamente del mismo metal (Cu o Zn) contenido en la disolución para que se liberen sus cationes (Cu^{2+} o Zn^{2+}) debido a la diferencia de potencial que se aplica a la celda electrolítica.

$$Cu\ (s) \rightarrow Cu^{2+}\ (aq) + 2\ e^-$$

$$Zn\ (s) \rightarrow Zn^{2+}\ (aq) + 2\ e^-$$

Los cationes liberados se reducen al llegar al cátodo:

$$Cu^{2+}\ (aq) + 2\ e^- \rightarrow Cu\ (s)$$

$$Zn^{2+}\ (aq) + 2\ e^- \rightarrow Zn\ (s)$$

Por lo tanto, la reacción global que tiene lugar en la celda electrolítica es la siguiente:

$$Cu\ (s)\ (\text{ánodo}) \rightarrow Cu\ (s)\ (\text{cátodo})$$

$$Zn\ (s)\ (\text{ánodo}) \rightarrow Zn\ (s)\ (\text{cátodo})$$

- Tal y como se observa en la reacción global, independientemente del metal seleccionado, solo sucede una transferencia de materia entre el ánodo y el cátodo. Por lo tanto, aplicar un voltaje positivo es suficiente para iniciar la electrolisis. En esta práctica, se propone realizar el experimento con un voltaje constante de 12 V.
- Verter 100 mL de la disolución de $CuSO_4$ en el interior de la placa de Petri. La punta del cátodo (hilo lineal) debe tocar la superficie de la placa de Petri. El ánodo, de forma circular, debe permanecer completamente sumergido en la disolución.
- Comprobar que el polímetro está encendido y activar la fuente de alimentación. Anotar la intensidad de corriente a intervalos de 10 s durante el primer minuto y cada 30 s durante los siguientes min.

IMPORTANTE

No se tiene en cuenta el valor de la intensidad marcada por el polímetro cuando t = 0 s. Debido a su rápida evolución inicial y con el objeto de minimizar los errores en el método gráfico empleado para determinar la constante de Avogadro, el primer valor de intensidad a tomar en consideración es el obtenido cuando t = 10 s.

- Observar y anotar todo lo que sucede durante el experimento en el interior de la placa de Petri.
- Apagar la fuente de alimentación cuando la intensidad marque un valor aproximado de 0.8 A, momento en el que se habrá formado un depósito de cobre significativo.

IMPORTANTE

El depósito metálico de forma ramificada generado alrededor del cátodo reduce paulatinamente su distancia hasta el ánodo. Para evitar un cortocircuito al entrar en contacto con éste último y que la resistencia entre los 2 electrodos quede parcial o totalmente anulada, se debe desconectar la alimentación de la fuente de alimentación siempre que la distancia sea inferior a 1 cm.

- Fotografiar el resultado del experimento. En la **Figura 4** se observa que la estructura ramificada, creada alrededor del cátodo, sigue un comportamiento fractal (A. Tomás-Serrano, R. Garcia-Molina, *Anales de Química* 113, 47-53 (2017)).

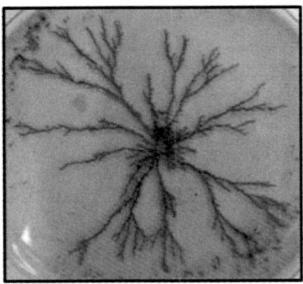 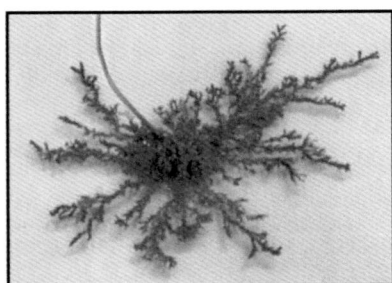

Figura 4. Precipitado de cobre (imagen izda.) y zinc (imagen dcha.)
formado tras el proceso de electrolisis.

- Retirar el ánodo circular y el cátodo lineal, golpeándolos ambos suavemente contra la placa de Petri para separar el cobre precipitado que pueda haber quedado adherido.
- Limpiar los electrodos mediante pulsos de agua desionizada con la ayuda del frasco lavador dentro del vaso de precipitados de 400 mL y verter la disolución contenida en la placa de Petri en este mismo recipiente.
- Introducir los electrodos en la estufa durante 15 min. Tras este tiempo, introducir las muestras en el desecador durante 10 min y pesar.
- Filtrar a vacío con la ayuda de un embudo Büchner y un matraz Kitasato la disolución que contiene el cobre sólido (Cu (s)).
- Retirar el papel de filtro cuidadosamente con la ayuda de las pinzas, colocarlo sobre el vidrio de reloj e introducirlo en la estufa a 105 °C durante 30 min.
- Tras este tiempo, introducir la muestra en el desecador durante 10 min y pesar. Introducir nuevamente en la estufa durante 10 min y repetir el proceso de enfriamiento dentro del desecador.
- Comprobar que el peso de la muestra permanece constante. En caso contrario, introducir nuevamente en la estufa.

4.2.3. Gestión de residuos

Los residuos generados durante la realización de la práctica para determinar la constante de Avogadro mediante electrolisis deben gestionarse como:

- ° Disolución con metales pesados: disolución filtrada de sulfato de cobre(II) ($CuSO_4\,(aq)$).
- ° Sólido inorgánico: sólido residual de cobre (Cu (s)) obtenido tras el filtrado.
- ° Absorbentes, material de filtración: papeles de filtro.

CUESTIONARIO

1. Espontaneidad de una reacción redox

1.1. Escribir la ecuación química de la reacción redox entre el hilo de cobre y la disolución de nitrato de plata ($AgNO_3$ (aq)) 0.1 M.

1.2. Completar la **Tabla 1** con los valores experimentales obtenidos.

Tabla 1. Resultados experimentales – Espontaneidad de una reacción redox.

Masa de Cu (s) antes de la reacción redox (g)	
Masa de Cu (s) después de la reacción redox (g)	
Masa de Cu (s) que se ha disuelto (Cu (s) $\rightarrow$ Cu^{2+} (aq))	
Masa de Ag (s) recuperada experimentalmente (g)	
Masa de Ag (s) que debería haberse formado teóricamente teniendo en cuenta la cantidad de Cu (s) disuelto (g)*	
Error relativo (%)	

*Indicar el procedimiento matemático llevado a cabo para obtener los resultados requeridos.

1.3. Calcular la cantidad de plata que permanece en disolución (Ag^+ (aq)), expresada en porcentaje másico.

2. Determinación de la constante de Avogadro mediante electrólisis

2.1. Completar la **Tabla 2** con los valores experimentales obtenidos.

Tabla 2. Resultados experimentales – Determinación constante de Avogadro.

Masa del cátodo de Cu o Zn antes de la electrolización (g)	
Masa del ánodo de Cu o Zn antes de la electrolización (g)	
Masa del cátodo Cu o Zn después de la electrolización (g)	
Masa del ánodo de Cu o Zn después de la electrolización (g)	
Masa de Cu o Zn recuperada por filtración a vacío (g)	

2.2. En caso de que la experimentación se haya realizado correctamente, la masa de Cu o Zn recuperada por filtración debe coincidir con la masa perdida por el ánodo de Cu o Zn durante el proceso de electrolisis. Si se admite como valor teórico la pérdida de masa registrada por el ánodo, calcular el error relativo cometido al determinar la masa recuperada por filtración. Indicar el procedimiento matemático llevado a cabo y explicar razonadamente si el resultado obtenido es aceptable. En caso de que el resultado obtenido no sea tolerable, indicar que tipo de errores se han podido cometer.

2.3. En esta práctica, se registra con la ayuda del polímetro la intensidad de corriente (I) que circula por la celda electrolítica a medida que transcurre el tiempo. Este valor aumenta al avanzar el proceso, ya que la resistencia eléctrica (R) de la disolución disminuye al expandirse el depósito metálico alrededor del cátodo y reducirse la distancia entre los electrodos.

El conjunto de valores de la intensidad de corriente (I) tomados durante el ensayo permiten establecer una función I (t) que muestra la variación de la intensidad en función del tiempo. Se puede calcular la carga eléctrica (Q) transportada por los iones de cobre (Cu^{2+}) o zinc (Zn^{2+}) a través de la disolución a partir de la integral de la función I (t).

$Q = \int_{t_0}^{t_f} I(t)\, dt$, donde t_0 y t_f son el tiempo inicial y final del ensayo, expresados en s, respectivamente. Debido a los errores experimentales asociados al experimento, es recomendable definir el tiempo inicial como $t_0 = 10$ s.

Obtener la función I (t). Para ello, representar gráficamente (con la ayuda de un programa informático (no manualmente)) la intensidad de corriente (expresada en A) frente al tiempo (s). Ajustar los valores obtenidos mediante la línea de tendencia que mayor coeficiente de determinación (R^2) ofrezca (lineal, logarítmica, polinómica de segundo grado, etc.). Indicar la ecuación y el coeficiente de determinación del modelo seleccionado en la propia figura.

2.4. Calcular el valor de la carga eléctrica (Q) transferida durante el experimento.

2.5. Tal y como se detalla en el apartado de *Conocimientos previos*, para que se produzca la precipitación metálica en el cátodo, debe circular una determinada cantidad de carga eléctrica. En el caso del cobre (Cu) o zinc (Zn), son necesarios 2 mol de e⁻ para precipitar 1 mol del elemento metálico.

$$Cu^{2+} (aq) + 2 \; e^- \rightarrow Cu \; (s)$$

$$Zn^{2+} (aq) + 2 \; e^- \rightarrow Zn \; (s)$$

$$Q_{Cu \; o \; Zn} = n \; \text{mol Cu o Zn} \cdot \frac{2 \; \text{mol e}^-}{1 \; \text{mol Cu o Zn}} \cdot \frac{96485 \; C}{1 \; \text{mol e}^-}$$

Por lo tanto, se puede determinar el valor de la constante de Avogrado (N_A) a partir de la relación existente entre la masa depositada de la sustancia (m_{Cu} o m_{Zn}), la carga eléctrica (Q) transferida durante el experimento y la definición de la constante de Faraday (F):

$$m_{Cu \; o \; Zn} \xrightarrow{\text{Masa molar de Cu o Zn}} n_{Cu \; o \; Zn} \rightarrow n_{Cu \; o \; Zn} = \frac{m_{Cu \; o \; Zn}}{M_{Cu \; o \; Zn}}$$

$$Q \xrightarrow{\text{cte de Faraday (F)}} n_{e^-} \xrightarrow{\text{Estequiometría entre e}^- \text{ y Cu o Zn}} n_{Cu \; o \; Zn}$$

$$n_{Cu \; o \; Zn} = \frac{Q}{2 \cdot F}$$

$$F = N_A \cdot e^-$$

donde $M_{Cu \; o \; Zn}$ es la masa molar de Cu o Zn (g/mol), N_A es la constante de Avogrado ($6.022 \cdot 10^{23}$ mol⁻¹) y e⁻ representa la carga eléctrica elemental asociada al electrón ($1.60 \cdot 10^{-19}$ C).

Por lo tanto:

$$n_{Cu \; o \; Zn} = \frac{m_{Cu \; o \; Zn}}{M_{Cu \; o \; Zn}} = \frac{Q}{2 \cdot N_A \cdot e^-} \rightarrow N_A = \frac{Q \cdot M_{Cu \; o \; Zn}}{2 \cdot e^- \cdot m_{Cu \; o \; Zn}}$$

Determinar el valor experimental de la constante de Avogadro N_A mediante electrólisis.

2.6. Si se admite $6{,}022 \cdot 10^{23}$ mol^{-1} como valor teórico para la constante de Avogadro, calcular el error relativo cometido al determinar N_A mediante la electrolisis. Indicar el procedimiento matemático llevado a cabo y explicar razonadamente si el resultado obtenido es aceptable.

TEST DE EVALUACIÓN

1. **En la práctica relacionada con la determinación de la constante de Avogadro mediante electrolisis, si el depósito metálico generado alrededor del cátodo entra en contacto con el ánodo...**

   A. No sucede nada porque el metal del que está compuesto el ánodo y el metal que precipita coinciden.

   B. La intensidad aumenta superando el valor de 0.8 A e impidiendo el cálculo de la constante de Avogadro.

   C. El experimento se detiene por haber llegado a su fin y la fuente de alimentación deja de registrar valores.

   D. Ocurre un cortocircuito y se debe apagar la fuente de alimentación.

2. **En la práctica relacionada con la espontaneidad de una reacción redox...**

   A. La disolución final es transparente debido a la presencia de los cationes de plata (Ag^+).

   B. La disolución final es transparente debido a la presencia de los cationes de cobre (Cu^{2+}).

   C. La disolución final tiene una coloración azulada debido a la presencia de los cationes de plata (Ag^+).

   D. La disolución final tiene una coloración azulada debido a la presencia de los cationes de cobre (Cu^{2+}).

3. **En la práctica relacionada con la determinación de la constante de Avogadro mediante electrolisis...**

   A. El cátodo es de cobre. El ánodo es de zinc y se desgasta a medida que pasa el tiempo.

   B. El ánodo es de cobre. El cátodo es de zinc y se desgasta a medida que pasa el tiempo.

   C. Ambos electrodos son de cobre o zinc, y es el ánodo el que se desgasta a medida que pasa el tiempo.

   D. Ambos electrodos son de cobre o zinc, y es el cátodo el que se desgasta a medida que pasa el tiempo.

4. **En la práctica relacionada con la determinación de la constante de Avogadro mediante electrolisis...**

   A. La intensidad de corriente aumenta al avanzar el proceso.
   B. Se introducen las disoluciones de $CuSO_4$ o $ZnSO_4$ en la estufa tras completar el ensayo para recuperar el cobre o zinc precipitado (Cu (s) o Zn (s)).
   C. El voltaje aumenta al avanzar el proceso.
   D. Uno de los electrodos pierde masa debido a la reducción del material formado.

5. **En la práctica relacionada con la espontaneidad de una reacción redox, el hilo de _____ se introduce en una disolución acuosa de _____ para obtener de forma espontánea un precipitado de _____. Mediante filtración se retira el metal precipitado y el residuo líquido generado se gestiona como _____.**

   A. cobre; $AgNO_3$; Ag; *disoluciones acuosas con metales pesados*
   B. cobre; $AgNO_3$; Cu; *disoluciones inorgánicas ácidas*
   C. zinc; $CuNO_3$; Zn; *disoluciones inorgánicas ácidas*
   D. plata; $Cu(NO_3)_2$; Cu; *disoluciones acuosas con metales pesados*

9 Reacciones redox (2ª parte)

1. Objetivos

Los objetivos de esta práctica son:
* Analizar el efecto de la corrosión en metales, fenómeno debido a una reacción de oxidación-reducción espontánea no deseada.
* Estudiar la aplicación de diferentes procedimientos de protección para evitar la corrosión de los metales.

2. Conocimientos previos

2.1. Corrosión

En el apartado de *Conocimientos previos* del capítulo 8 Reacciones redox (1ª parte), se explica que las celdas voltaicas o galvánicas recurren a reacciones redox espontáneas para generar energía eléctrica. Sin embargo, este tipo de reacciones también pueden generar fenómenos indeseados como la corrosión, término aplicado al deterioro de metales debido a un proceso electroquímico inducido por alguna sustancia del entorno o ambiente externo, dando lugar a un compuesto no deseado.

En el caso de una pieza de hierro (p. ej., un clavo), el contacto con aire húmedo (presencia simultánea de oxígeno y agua) conlleva su oxidación y conversión en herrumbre, definido este último como un hidrato muy insoluble de óxido de hierro(III) con una cantidad variable de agua de hidratación ($Fe_2O_3 \cdot \chi H_2O$), ya que se trata de un proceso termodinámicamente favorable a temperatura ambiente (*ver reacciones*).

Para ello, al igual que ocurre en las celdas galvánicas, los electrones se desplazan a través del metal desde una región superficial donde ocurre la oxidación (región anódica) hacia otra área donde ocurre la reducción (región catódica). La región anódica destaca por ser una zona donde la concentración de O_2 suele ser menor a la del O_2 atmosférico (p. ej., el interior de una gota de agua) y la superficie metálica está sometida a tensión y, por lo tanto, es más activa; mientras que la región catódica presenta una mayor concentración de O_2 (p. ej., vértices de la gota de agua en contacto con la superficie metálica).

Oxidación (región anódica):

$$Fe \ (s) \rightarrow Fe^{2+} \ (aq) + 2 \ e^- \qquad E^0_{red} = -0.44 \ V$$

En función del pH del medio, en la región catódica se produce la reducción del oxígeno (O_2) y/o del agua (H_2O):

- En disolución ácida:

$$2 \ H^+ \ (aq) + 2 \ e^- \rightarrow H_2 \ (g) \qquad E^0_{red} = 0 \ V$$

$$O_2 \ (g) + 4 \ H^+ \ (aq) + 4 \ e^- \rightarrow 2 \ H_2O \ (l) \qquad E^0_{red} = +1.23 \ V$$

- En disolución neutra/básica:

$$O_2 \ (g) + 2 \ H_2O \ (l) + 4 \ e^- \rightarrow 4 \ OH^- \ (aq) \qquad E^0_{red} = +0.40 \ V$$

Las 3 reacciones del cátodo presentan potenciales en condiciones estándar (gases puros a 1 atm de presión, solutos a la concentración 1 M y una temperatura específica, normalmente 25 °C) más positivos que $E^0_{Fe^{2+}/Fe}$, confirmando que el proceso de corrosión sería espontáneo si las sustancias estuvieran en sus estados estándar.

En condiciones reales, el agua que entra en contacto directo con la superficie metálica raramente alcanza una concentración de OH^- (aq) 1 M y, por lo tanto, la semirreacción de reducción es incluso más positiva.

Sin embargo, este análisis termodinámico de la corrosión únicamente indica si la pieza de hierro tiene tendencia a oxidarse. Para poder predecir qué reacciones van a ocurrir realmente durante la corrosión hay que conocer la cinética de los procesos implicados y determinar cuál es significativamente más rápido. Sin entrar en detalle, hay que señalar que en las técnicas electroquímicas empleadas para medir la velocidad de corrosión de un par galvánico se debe tener en cuenta, además de los potenciales de las semirreacciones involucradas, la densidad de corrientes de intercambio correspondientes a los procesos catódicos y anódicos. En el caso de la corrosión de una pieza de hierro en medio ácido, la densidad de corriente de intercambio de la reacción de reducción del H^+ tiene un valor de $\sim 10^{-6}$ A/cm², mientras que la de reducción del O_2 es sólo de $\sim 10^{-14}$ A/cm², ¡8 órdenes de magnitud menor! Por lo tanto, desde un punto de vista cinético, el hierro se corroe por desprendimiento de hidrógeno (H_2) en medio ácido (P.W. Atkins, *Fisicoquímica* (3ª Edición) (Ed. Addison-Wesley Iberoamericana, S.A.) 942-944 (1991)).

Por otro lado, la corrosión se produce más rápidamente cuanto mayor son la concentración de H^+ (menor pH) y de O_2. Por el contrario, a pH elevados, el hierro queda protegido como predice el diagrama de Pourbaix simplificado Fe-H_2O. Además, la corrosión se ve favorecida si la disolución acuosa contiene sales disueltas, ya que estas ejercen la misma función que un puente salino en una celda voltaica, proporcionando el electrolito necesario para completar el circuito eléctrico.

En condiciones de pH neutro, los cationes de Fe^{2+} generados en la región anódica (*reacción global*) se combinan con los aniones OH⁻ para formar hidróxido de hierro(II) ($Fe(OH)_2$).

$$2\ Fe\ (s) + O_2\ (g) + 2\ H_2O\ (l) \rightarrow 2\ Fe^{2+}\ (aq) + 4\ OH^-\ (aq) \quad \text{(Reacción global)}$$

$$Fe^{2+}\ (aq) + 2\ OH^-\ (aq) \rightarrow Fe(OH)_2\ (s)$$

Este compuesto se desplaza a través del medio acuoso y reacciona con el O_2 disuelto en el agua para dar lugar a la herrumbre de color pardo rojizo.

$$4\ Fe(OH)_2\ (s) + O_2\ (g) + x\ H_2O\ (l) \rightarrow Fe_2O_3 \cdot (x+4)H_2O\ (s) \quad \text{(R. global)}$$

Teniendo en cuenta que generalmente la región catódica presenta una mayor concentración de O_2, la herrumbre tiende a depositarse en esa zona, la cual está físicamente separada de la región donde se oxida el Fe.

2.2. Prevención de la corrosión

Para evitar la corrosión del hierro es necesario blindar la superficie del metal contra el oxígeno y la humedad. El modo más sencillo para impedir la aparición del óxido es aplicar un revestimiento con pintura u otro metal como el estaño o el zinc. Cubrir la superficie con pintura o estaño es tan solo un medio para evitar que el O_2 y el H_2O alcancen la superficie del hierro. Si la pintura se descascara y la superficie metálica queda expuesta, comienza la corrosión y se forma herrumbre bajo la capa de pintura. Para evitar este fenómeno, se suelen emplear pinturas acrílicas.

De igual manera, una fina capa de estaño sólo protege al hierro mientras permanezca intacta, ya que, comparando los potenciales estándar de reducción de ambos metales, se observa el hierro se oxida al actuar como ánodo mientras que el recubrimiento de estaño actúa como cátodo.

$$Sn^{2+} (aq) + 2\ e^- \rightarrow Sn\ (s) \qquad E^0_{red} = -0.14\ V$$

$$Fe^{2+} (aq) + 2\ e^- \rightarrow Fe\ (s) \qquad E^0_{red} = -0.44\ V$$

En el caso del recubrimiento del hierro con una fina capa de zinc, el hierro queda protegido incluso si la protección superficial se elimina localmente o se agrieta. En esas condiciones, el zinc es el elemento que sufre la oxidación debido a su potencial de reducción más negativo (se trata de un metal más activo, menos noble), actuando como ánodo y corroyéndose en lugar del hierro, que a su vez actúa como el cátodo donde se reduce el O_2. Además, los productos de la corrosión forman una capa de óxido hidratado que también protege al zinc, dificultando que ésta continúe.

$$Fe^{2+} (aq) + 2\ e^- \rightarrow Fe\ (s) \qquad E^0_{red} = -0.44\ V$$

$$Zn^{2+} (aq) + 2\ e^- \rightarrow Zn\ (s) \qquad E^0_{red} = -0.76\ V$$

Otra de las técnicas existentes para evitar la corrosión del hierro consiste en que éste actúe como el cátodo de una celda galvánica. En este proceso, denominado protección catódica, no es necesario cubrir la superficie del hierro con un segundo metal, simplemente se requiere asegurar el contacto eléctrico (esto es, conexión directa o mediante un alambre) entre la pieza de hierro y un metal que se oxide con mayor facilidad (p. ej., zinc o magnesio), que actúa como ánodo de sacrificio. De este modo, el metal más activo protege la superficie de hierro aportándole electrones hasta que se disuelve por completo.

2.2.1. Recubrimiento de piezas de cobre

El recubrimiento de zinc empleado para evitar la corrosión puede aplicarse mediante diferentes métodos (galvanizado, electrodeposición o proyección térmica, entre otros). En la presente práctica, se deposita zinc sobre el cobre que recubre las monedas de 5 céntimos de euro, si bien es cierto que el objetivo es más ornamental (simular la conversión de monedas de cobre en plata (recubrimiento de zinc) y posteriormente en oro (aleación de cobre y zinc)) que de protección. Este proceso, comúnmente conocido como *Golden penny experiment*, consta de 3 etapas:

1ª Etapa. Disolución de zinc en polvo (Zn (s)) en una disolución de hidróxido de sodio (NaOH (aq)) y formación del complejo tetrahidroxocincato (($Zn(OH)_4)^{2-}$ (aq)). El zinc es capaz de oxidarse al tratarse de un metal anfótero y encontrarse disuelto en una disolución con exceso de aniones hidróxido (OH^-). El agua actúa como agente oxidante y se reduce.

$$Zn\ (s) + 2\ H_2O\ (l) + 2\ NaOH\ (aq) \longrightarrow 2\ Na^+\ (aq) + (Zn(OH)_4)^{2-}\ (aq) + H_2\ (g)$$

2ª Etapa. Reducción del $Zn(OH)_4{}^{2-}$ para dar zinc metálico que se deposita en la superficie de la moneda de 5 céntimos (Zn_{Cu} (s)). El zinc en polvo vertido inicialmente (Zn_{Zn} (s)) actúa como agente reductor. Szczepankiewicz y colaboradores demostraron que el potencial de reducción del $Zn(OH)_4{}^{2-}$ depende en gran medida de la sustancia sobre la que se deposita durante la reducción. Por lo tanto, el zinc se deposita mediante una capa muy fina sobre el cobre superficial (S. H. Szczepankiewicz, J. F. Bieron, M. Kozik, *Journal of Chemical Education* 72, 386-388 (1995)).

$$Zn_{Zn} \ (s) + (Zn(OH)_4)^{2-} \ (aq) \rightarrow (Zn(OH)_4)^{2-} \ (aq) + Zn_{Cu} \ (s)$$

3ª Etapa. Calentamiento de la pieza con la ayuda de la llama de un mechero Bunsen para la formación de latón tipo α (aleación de Cu y Zn con un contenido en Zn inferior al 35 %) (J. Arias, *Anales de Química* 118, 53-58 (2022)).

2.3. Determinación cualitativa de la corrosión

En esta práctica, se pretende identificar las zonas anódicas en la superficie de un clavo de acero (aleación de hierro y carbono), partes de la pieza más activas que el resto debido a su mayor tensión y que, por lo tanto, se oxidan preferentemente formando iones ferrosos (Fe^{2+}) de acuerdo con la siguiente reacción:

$$Fe \ (s) \rightarrow Fe^{2+} \ (aq) + 2 \ e^-$$

Con el objetivo de detectar la presencia de estos iones, se emplea una disolución de ferricianuro de potasio ($K_3Fe(CN)_6 \ (aq)$). Esta sustancia se descompone de acuerdo a la siguiente reacción:

$$K_3Fe(CN)_6 \ (aq) \rightarrow 3 \ K^+ \ (aq) + (Fe(CN)_6)^{3-} \ (aq) \text{ (compuesto de color amarillo)}$$

La reacción entre ambos compuestos (Fe^{2+} y $(Fe(CN)_6)^{3-}$) forma el coloide $KFe(III)[Fe(II)(CN)_6]$ (o simplemente $KFe[Fe(CN)_6]$) de color azul. Este compuesto es conocido como azul de Turnbull.

$$Fe^{2+} \ (aq) + K^+ \ (aq) + (Fe(CN)_6)^{3-} \ (aq) \rightarrow KFe[Fe(CN)_6] \ (aq) \text{ (Azul de Turnbull)}$$

Por otro lado, en un medio neutro, la reducción del O_2 en las zonas catódicas da lugar a la acumulación de aniones hidroxido (OH^-), provocando el aumento del pH de la disolución y, por lo tanto, pudiendo ser detectado mediante un indicador ácido-base como la fenolftaleína. Este indicador vira de transparente a rosa cuando el pH se eleva por encima de 9.8.

3. Descripción del material y reactivos

3.1. Análisis de la corrosión del hierro

- 1 Vaso de precipitados (100 mL)
- 1 Vaso de precipitados (400 mL)
- 1 Varilla de vidrio
- 2 Pipetas (5 mL)
- 3 Placas de Petri (ø 90 mm)
- 1 Placa calefactora/agitadora
- 1 Imán + varilla recoge imanes
- 1 Frasco lavador

- ► Agua desionizada
- ► 7 Clavos de acero
- ► 1 Clavo de cobre
- ► 1 Tornillo galvanizado
- ► Pintura acrílica
- ► Hilo de cobre
- ► Hilo de zinc
- ► Agar-agar (($C_{12}H_{18}O_9)_n$ (s))
- ► Cloruro de sodio (NaCl (s))
- ► Disolución de ferricianuro de potasio (($K_3Fe(CN)_6$ (aq)) 0.1 M
- ► Disolución alcohólica de fenolftaleína ($C_{20}H_{14}O_4$) al 1 % w/v

3.2. Recubrimiento electrolítico de piezas de cobre

- 1 Vaso de precipitados (250 mL)
- 1 Varilla de vidrio
- 1 Termómetro
- 1 Mechero Bunsen
- 1 Pinzas de laboratorio
- 1 Cronómetro
- 1 Vidrio de reloj
- 1 Placa calefactora
- Papel secamanos
- 1 Estufa
- 1 Desecador + gel de sílice
- 1 Frasco lavador

- ► Agua desionizada
- ► Disolución de hidróxido de sodio (NaOH (aq)) 3 M
- ► Disolución de ácido acético (CH_3COOH (aq)) 5 % vol.
- ► Cloruro de sodio (NaCl (s))
- ► Zinc en polvo (Zn (s))
- ► Pieza de cobre (p. ej., moneda de 5 céntimos de euro)

RECOMENDACIÓN

Se puede emplear granalla de zinc, pero el resultado de la práctica se ve favorecido cuando se emplea zinc en polvo ya que aumenta la superficie de contacto.

IMPORTANTE

Se puede emplear cualquier pieza de cobre para realizar el experimento. En todo caso, es necesario retirar de la superficie de la pieza cualquier impureza (p. ej., polvo, oxido, adherencias, etc.) mediante un tratamiento ácido, tal y como se describe en el *Apartado 3.2.1*. En la **Figura 1** se muestra un ejemplo de las piezas que pueden emplearse para la realización de la práctica, así como el resultado obtenido.

Figura 1. Resultados obtenidos para distintas piezas de cobre en las diferentes etapas del proceso: iniciales (izda.), plateadas (centro) y doradas (dcha.).

OBLIGATORIO
La bata bien abrochada y las gafas de seguridad
puestas en todo momento.

3.2.1. Preparación de las monedas

Las monedas de 5 céntimos de euro son de acero recubierto de cobre. Es por ello que tienden a oxidarse por la acción del O_2 atmosférico, formándose una capa de óxido cúprico (CuO) y óxido cuproso (Cu_2O) sobre su superficie. Para la realización de esta práctica es necesario retirar esa capa pasivante (que actúa de barrera), por lo que o se trabaja con monedas nuevas o bien se debe proceder a su limpieza. En este segundo caso, para que las monedas recuperen el brillo metálico se emplea una disolución de ácido acético (CH_3COOH) al 5 % vol. para disolver la capa de óxido en presencia de cloruro sódico (NaCl) que actúa como catalizador.

$$Cu_2O\ (s) + 2\ CH_3COOH\ (aq) \xrightarrow{Cl^-} 2\ Cu^+\ (aq) + 2\ CH_3COO^-\ (aq) + H_2O\ (l)$$

$$CuO\ (s) + 2\ CH_3COOH\ (aq) \xrightarrow{Cl^-} Cu^{2+}\ (aq) + 2\ CH_3COO^-\ (aq) + H_2O\ (l)$$

Para limpiar las monedas se debe proceder de la siguiente manera:

- Pesar 3 g de NaCl y disolverlos en 15 mL de la disolución de CH_3COOH 5 % vol. en el interior de un vaso de precipitados de 400 mL.
- Introducir las monedas y agitar la mezcla hasta que las monedas recuperen el brillo. La disolución adquiere una coloración verdosa debido a la formación de acetato de cobre ($Cu(CH_3COO)_2$) denominado cardenillo o verdín.
- Retirar las monedas, lavarlas con agua desionizada y secarlas envolviéndolas con papel secamanos.

No se debe tocar las monedas directamente con los dedos para que la grasa de la piel no quede adherida a la superficie e impida el proceso de electrodeposición.

- Introducir la moneda en la estufa a 50 °C durante 10 min. Tras este tiempo, introducir la muestra en el desecador durante al menos 10 min antes de utilizarla.

4. Descripción del procedimiento experimental

4.1. Análisis de la corrosión del hierro

4.1.1. Preparación de la disolución oxidante

- Depositar 2.50 g de agar-agar y 7.50 g de cloruro de sodio (NaCl) en un vaso de precipitados de 400 mL.
- Añadir 250 mL de agua desionizada; calentar y agitar la mezcla en una placa calefactora/agitadora hasta alcanzar la ebullición.
- Comprobar que la disolución es homogénea y retirar de la fuente de calor.
- Añadir 2 mL de fenolftaleína y 2 mL de ferricianuro de potasio ($K_3Fe(CN)_6$) a la disolución y agitar vigorosamente.

Es fundamental utilizar la disolución oxidante antes de que gelifique debido a su progresivo enfriamiento.

4.1.2. Procedimiento experimental

- Colocar en la primera placa de Petri un clavo de acero sin doblar y otro doblado formando un ángulo de aprox. 45° (**Figura 2. izda.**).

- Colocar en la segunda placa de Petri un clavo de acero, un clavo de acero protegido con hilo de Zn en su zona central y un clavo de acero con su parte inferior protegida con un recubrimiento acrílico, evitando que se toquen entre ellos (**Figura 2. izda. centro**).

RECOMENDACIÓN

El recubrimiento acrílico debe efectuarse con antelación para asegurar el completo secado de la pintura.

- Colocar en la tercera placa de Petri un clavo de acero y un clavo de cobre, enlazándolos mediante un hilo de cobre (**Figura 2. dcha. centro**).
- Colocar en la última placa de Petri un clavo de acero y un tornillo de acero galvanizado, enlazándolos mediante un hilo de cobre (**Figura 2. dcha.**).
- Verter la disolución oxidante sin gelificar (aprox. a T ambiente) en el interior de las 4 placas de Petri hasta que los clavos queden completamente sumergidos.
- Esperar hasta que la disolución oxidante se enfríe y gelifique.
- Observar y anotar todo lo que va sucediendo en el interior de las placas de Petri, indicando las coloraciones surgidas alrededor de las diferentes zonas de cada uno de los clavos (**Figura 2**).

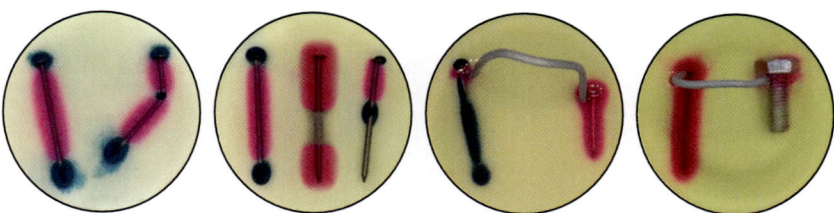

Figura 2. Resultados obtenidos en los 4 ensayos realizados: clavo de acero sin doblar y doblado (izda.); clavo de acero, clavo de acero protegido con hilo de Zn en su zona central y clavo de acero con su parte inferior protegida con un recubrimiento acrílico (izda. centro); clavo de acero y clavo de cobre, enlazándolos mediante hilo de cobre (dcha. centro); clavo de acero y tornillo de acero galvanizado (dcha.).

El zinc protege al acero tanto por contacto directo (**Figura 2 izda. centro**) como conectado a través del hilo de cobre (**Figura 2. dcha.**) debido a su potencial de reducción más negativo y, por lo tanto, no se detecta ninguna zona azul correspondiente a la formación del azul de Turnbull. En su lugar, se forma un precipitado blanco alrededor del Zn debido a la oxidación del mismo.

La protección realizada conectando el clavo de acero y el de cobre mediante un hilo de cobre no es efectiva (**Figura 2. dcha. centro**) ya que el Cu es un metal más noble que el Fe, esto es, su potencial de reducción es más positivo. Esto provoca que el clavo de acero se oxide y los electrones se desplacen a través del hilo de cobre hasta la superficie del clavo de cobre, donde sucede la reducción del oxígeno disuelto.

4.1.3. Gestión de residuos

Los residuos generados durante la realización de la práctica para analizar la corrosión del hierro deben gestionarse como:

- Los clavos empleados se deben recoger y gestionar en el punto limpio correspondiente.
- La mezcla de agar-agar es un residuo no peligroso, se gestiona como un residuo orgánico y debe depositarse en el contenedor marrón correspondiente.
- Las placas de Petri se pueden limpiar y reutilizar.

4.2. Recubrimiento electrolítico de piezas de cobre

- Verter 50 mL de la disolución de hidróxido de sodio (NaOH) 3 M en un vaso de precipitados de 100 mL.
- Colocar el recipiente sobre la placa calefactora y calentar la disolución hasta los 75-80 °C.

IMPORTANTE

En ningún momento se debe permitir que la disolución de NaOH hierva enérgicamente, ya que se trata de una sustancia muy corrosiva.

- Añadir 5 g de zinc (Zn) en polvo y remover con la varilla de vidrio, evitando que el Zn se aglomere.
- Sacar la moneda del desecador y pesarla en la balanza analítica.
- Introducir la moneda en la mezcla alcalina y agitarla durante 1 min.
- Retirar con cuidado la moneda con ayuda de las pinzas de laboratorio e introducirla en un vaso de precipitados de 100 mL que contenga agua desionizada para atemperarla y retirar el Zn adherido.

IMPORTANTE

Se puede aprovechar la mezcla alcalina para repetir el proceso recubrimiento hasta al menos 5 monedas.

- Secar la moneda con papel secamanos, retirando cualquier resto de Zn que permanezca sobre la superficie.
- Encender el mechero Bunsen y calentar la moneda durante 45 s, desplazando continuamente todas las superficies de la moneda por la llama del mechero. Se debe observar como la moneda pasa de un aspecto plateado a otro más cobrizo para finalmente adquirir un tono dorado.

RECOMENDACIÓN

No conviene excederse en el tiempo de exposición a la llama, ya que la moneda termina por oscurecerse, lo que provoca que pierda todo el brillo adquirido durante la formación de la aleación.

- Introducir la moneda en el vaso de precipitados de 100 mL que contiene agua desionizada para atemperarla.
- Introducir la moneda en la estufa a 50 °C durante 10 min. Tras este tiempo, introducir la muestra en el desecador durante 10 min y pesar.
- Observar y anotar todo lo que va sucediendo en cada una de las etapas del recubrimiento electrolítico (**Figura 3**).

Figura 3. Resultados obtenidos para una moneda de 5 céntimos de euro
en las diferentes etapas del proceso: sucia (izda.), limpia (izda. centro),
plateada (dcha. centro) y dorada (dcha.).

4.2.1. Gestión de residuos

El polvo de zinc empleado para realizar el recubrimiento electrolítico de las
piezas de cobre puede reutilizarse. Para ello, se debe filtrar a vacío la mezcla
alcalina. Posteriormente, se debe lavar el sólido recuperado con agua desionizada, colocarlo sobre un vidrio de reloj e introducirlo a la estufa a 105 °C.
Por otro lado, los residuos generados tras este tratamiento deben gestionarse como disolución con metales pesados (disolución filtrada de NaOH que
también contiene Zn disuelto y el agua de lavado utilizado para la recuperación del Zn metálico) y absorbentes, material de filtración (papel de filtro).
El papel secamanos se vierte en el bidón correspondiente a absorbentes, material de filtración. La disolución sobrante de CH_3COOH al 5 % vol. no presenta la concentración mínima necesaria (10 % vol.) para ser tratada como
residuo peligroso.

5. Adquisición de resultados

Cada persona debe describir en su cuaderno de laboratorio (o soporte similar)
los ensayos realizados y recoger todos los resultados de los experimentos
desarrollados. Adicionalmente, para la correcta realización de esta práctica,
cada persona debe:

- Indicar en la pizarra del laboratorio la masa inicial de la pieza de
  cobre y la masa final tras aplicar el recubrimiento de zinc. Asimismo,
  cada estudiante debe copiar los resultados obtenidos por el resto del
  alumnado, con el fin de poder calcular la masa promedio de zinc adherida y su desviación muestral.

CUESTIONARIO

1. Análisis de la corrosión del hierro

1.1. Insertar una foto de cada una de las 4 placas de Petri correspondientes a los diferentes ensayos de corrosión.

1.2. Señalar dónde se encuentran las zonas anódicas y catódicas en los clavos de acero de la primera placa de Petri, así como las semirreacciones de oxidación y reducción que tienen lugar en ellas. Indicar razonadamente porqué se localizan ambas áreas en diferentes regiones de los clavos.

1.3. Describir las diferencias observadas en la segunda placa de Petri en los clavos de acero protegidos con el hilo de zinc o con la pintura acrílica, indicando qué semirreacciones de oxidación y reducción se producen y dónde tienen lugar.

1.4. Señalar dónde se encuentran las zonas anódicas y catódicas en el clavo de acero y en el clavo de cobre enlazados mediante el hilo de cobre. Indicar razonadamente qué función realiza el hilo de cobre en este montaje y explicar si el Cu es capaz de servir de elemento protector para evitar la formación de herrumbre sobre el clavo de acero.

1.5. Señalar dónde se encuentran las zonas anódicas y catódicas en el clavo de acero y en el tornillo galvanizado enlazados mediante el hilo de cobre. Explicar razonadamente si el Zn es capaz de servir de elemento protector para evitar la formación de herrumbre sobre el clavo de acero pese a no estar en contacto directo con el clavo de acero.

1.6. En la siguiente imagen se muestra un clavo de acero protegido con hilo de Ni en su zona central (izda.) y un clavo de acero protegido con hilo de Al en su zona central (dcha.). Señalar dónde se encuentran las zonas anódicas y catódicas en cada caso. Explicar razonadamente si el Ni y el Al son capaz de servir de elemento protector para evitar la formación de herrumbre sobre el clavo de acero y, en caso afirmativo, indicar el tipo de protección.

2. Recubrimiento electrolítico de piezas de cobre

2.1. Insertar una foto de la moneda de 5 céntimos de euro: inicial, limpia y tras los procesos de plateado y dorado. Señalar en cada foto qué compuesto es el responsable del color superficial de la pieza.

2.2. Completar la **Tabla 1** con los valores experimentales obtenidos, utilizando todos los datos, tanto los propios como los del resto del alumnado.

Tabla 1. Resultados experimentales – Recubrimiento electrolítico de monedas de cobre.

Moneda de 5 céntimos de euro	
Masa de la moneda antes del recubrimiento (g)	
Masa de la moneda tras el recubrimiento (g)	
Masa de zinc (Zn (s)) depositada (mg)	

2.3. Calcular la masa promedio ($\bar{x}$) del Zn depositado y la desviación estándar muestral (s).

TEST DE EVALUACIÓN

1. **La disolución de NaOH preparada para realizar el recubrimiento de las monedas...**

   A. Es una disolución ácida y corrosiva. Si se derrama puede dañar la superficie con la que entre en contacto.

   B. Es una disolución acuosa y, por lo tanto, puede manipularse sin peligro más allá del calor desprendido por la disolución debido a la temperatura de trabajo 75-80 °C.

   C. Es una disolución ácida y tóxica. Si se derrama puede generar quemaduras en la piel.

   D. Es muy corrosiva y si se derrama puede generar tanto quemaduras en la piel como corrosión de la superficie con la que entre en contacto.

2. **Seleccionar la respuesta correcta.**

   A. En el análisis de la corrosión del clavo de acero galvanizado, el Zn sufre el proceso de oxidación por ser un metal más noble que el hierro.

   B. En el análisis de la corrosión del clavo de acero, se vierte NaCl para acidificar el medio y acelerar el proceso de corrosión.

   C. En el análisis de la corrosión del clavo de acero, se vierte agar-agar para acidificar el medio y acelerar el proceso de corrosión.

   D. En el análisis de la corrosión del clavo de acero, la zona catódica se distingue gracias a la fenolftaleína.

3. **Seleccionar la respuesta correcta.**

   A. Al igual que en las celdas galvánicas, el proceso de corrosión genera energía eléctrica.

   B. La corrosión es un término aplicado al deterioro del hierro debido a un proceso electroquímico inducido por el oxígeno ambiental.

   C. Al igual que en las celdas galvánicas, el proceso de corrosión se fundamenta en una reacción redox espontánea.

   D. Al igual que en las celdas galvánicas, el proceso de corrosión requiere de energía eléctrica para que la reacción química se lleve a cabo.

4. La corrosión del acero puede evitarse mediante un proceso denominado _____, en el que se utiliza un metal de reducción
estándar más _____ como el _____.

   A. protección catódica; negativo; Zn
   B. protección catódica; positivo; Zn
   C. ánodo de sacrificio; negativo; Sn
   D. ánodo de sacrificio; positivo; Sn

5. En la práctica relacionada con el recubrimiento de monedas de
5 céntimos de euro, la superficie de la moneda adquiere un color
dorado debido a...

   A. La formación de latón, aleación metálica de Cu y Zn, por efecto de
   la llama del mechero Bunsen.
   B. La oxidación del Zn depositado sobre la pieza por efecto de la llama
   del mechero Bunsen.
   C. La formación de bronce, aleación metálica de Cu y Zn, que se dis-
   tingue por tener un brillo dorado.
   D. La oxidación del Cu superficial en CuO y Cu_2O en presencia del
   Zn que actúa como catalizador.

6. El medio basado en agar-agar...

   A. Debe gelificar para poder verterse sobre los clavos colocados en las
   placas de Petri hasta que éstos queden sumergidos.
   B. Contiene fenolftaleína y azul de Turnbull para poder detectar las
   zonas catódicas (rosas) y anódicas (azules) en la superficie de los
   clavos.
   C. Contiene fenolftaleína y azul de Turnbull para poder detectar las
   zonas anódicas (rosas) y catódicas (azules) en la superficie de los
   clavos.
   D. Contiene fenolftaleína y ferricianuro de potasio para poder detectar
   las zonas catódicas (rosas) y anódicas (azules) en la superficie de los
   clavos.

7. **En la placa de Petri que contiene 2 clavos (uno de acero y otro de acero galvanizado) enlazados mediante un hilo de cobre, la superficie de Cu actúa como _____, por lo que sobre este metal tiene lugar la _____ del _____.**

   A. cátodo; reducción; hidrógeno
   B. ánodo; oxidación; cobre
   C. cátodo; oxidación; cobre
   D. cátodo; reducción; oxígeno

8. **En la placa de Petri que contiene 3 clavos separados (uno de acero, uno de acero galvanizado y otro de acero recubierto con pintura acrílica)...**

   A. El clavo de acero galvanizado y el clavo de acero con recubrimiento acrílico están protegidos de la corrosión; no ocurre ningún tipo de oxidación en su superficie y, por lo tanto, no adquiere ningún tipo de coloración.
   B. El zinc que protege al acero en el clavo galvanizado se oxida y, por lo tanto, la superficie del clavo adquiere una tonalidad azul debido a la formación del azul de Turnbull.
   C. Una tonalidad azul y/o rosada en la superficie del clavo de acero con recubrimiento acrílico indica que la protección se ha resquebrajado.
   D. El zinc que protege al acero en el clavo galvanizado se oxida y, por lo tanto, la superficie del clavo adquiere una tonalidad rosada debido a la presencia de la fenolftaleína.

9. **En la placa de Petri que contiene un clavo de acero sin doblar y otro doblado formando un ángulo de aprox. 90°...**

   A. Las zonas más sometidas a tensión se oxidan y adquieren una tonalidad azul debido a la formación del azul de Turnbull.
   B. El clavo de acero sin doblar actúa como cátodo y el doblado como ánodo.
   C. El clavo de acero sin doblar actúa como ánodo y el doblado como cátodo.
   D. La punta, la cabeza y la zona doblada actúan como cátodo y el resto del clavo actúa ánodo.

10. En la práctica relacionada con el recubrimiento de las piezas de cobre...

A. Se retira mediante filtración el Zn en polvo de la mezcla empleada para recubrir con Zn las piezas de cobre y el filtrado generado se gestiona como *disoluciones acuosas con metales pesados.*

B. La mezcla residual de NaOH y Zn en polvo se gestiona como *disoluciones inorgánicas alcalinas.*

C. Se retira mediante filtración el Zn en polvo de la mezcla empleada para recubrir con Zn las piezas de cobre y el filtrado generado se gestiona como *disoluciones inorgánicas alcalinas.*

D. Es necesario retirar previamente la herrumbre que se forma en la superficie de las piezas de cobre con la ayuda de una disolución de ácido acético (CH_3COOH).

10 Valoración volumétrica de neutralización

1. Objetivos

En esta práctica se determina la capacidad neutralizante de diversos antiácidos comerciales.

- Estudiar las reacciones de neutralización entre ácidos y bases.
- Conocer la valoración volumétrica como técnica de análisis cuantitativo para determinar la concentración desconocida de un reactivo a partir de un reactivo de concentración conocida.

2. Conocimientos previos

2.1. Términos relacionados con las valoraciones volumétricas

- **Valoración volumétrica (volumetría):** procedimiento para determinar la cantidad (o concentración) de una sustancia (analito) presente en una disolución (disolución problema) a partir del volumen consumido de un reactivo de concentración exactamente conocida (disolución valorante) que reacciona con el analito.
- **Disolución problema:** disolución cuya concentración se desea conocer.
- **Disolución valorante:** se trata de una disolución que contiene un reactivo cuya concentración es perfectamente conocida y que se coloca en una bureta durante la realización de la volumetría. Para preparar la disolución valorante se emplean sustancias denominadas patrones primarios, que destacan por ser sólidos de elevada pureza y masa

molar, estables a temperaturas suficientemente altas como para poderlas desecar en estufa sin descomposición química y solubles en agua. Además, no deben ser higroscópicas, ni reaccionar con el dióxido de carbono ni el oxígeno atmosférico, es decir, deben ser inalterables al aire durante el tiempo empleado en la operación de pesada. En caso de no utilizar un patrón primario como disolución valorante, es necesario estandarizar la disolución que se desea emplear, esto es, realizar una valoración previa de dicha disolución empleando como agente valorante un patrón primario para determinar exactamente su concentración.

- **Disolución valorada**: Disolución contenida en un matraz de Erlenmeyer durante la realización de la volumetría donde se ha producido completamente la reacción entre la disolución problema y la disolución valorante.

Con el fin de conocer la concentración de una disolución problema, durante una volumetría se añade lentamente desde una bureta el reactivo (disolución valorante) sobre la disolución problema contenida en un matraz de Erlenmeyer hasta llegar al punto de equivalencia; en ese momento, la cantidad de reactivo añadido es químicamente equivalente a la cantidad de sustancia valorada en la muestra contenida en el matraz. En el caso de las volumetrías ácido-base, esto significa que el volumen de reactivo añadido contiene la cantidad de moles de compuesto básico (o ácido) necesaria para reaccionar completamente (hay que fijarse en la estequiometría de la reacción ácido-base) con los moles de compuesto ácido (o básico) que contiene la muestra problema que se valora.

El punto de equivalencia es solo un punto teórico que en la práctica se puede estimar mediante algún cambio físico observable, empleando para ello un indicador químico que conlleve un cambio de color en la disolución valorada o mediante la monitorización del pH utilizando un pH-metro. Al punto en el que se produce el cambio físico perceptible se le denomina como punto final. La diferencia entre ambos puntos, el punto de equivalencia (teórico) y el punto final (experimental), constituye el error de valoración, que debe ser lo más reducido posible.

2.2. Reacciones volumétricas

Las reacciones volumétricas pueden englobarse en dos grandes grupos:

- Reacciones donde no hay cambios de estados de oxidación y se producen únicamente intercambios iónicos.
  - ◦ Reacciones de neutralización: aquí se encuentran las valoraciones de bases libres con un ácido valorante (alcalimetría) y las valoraciones de ácidos libres con una base valorante (acidimetría). Estas reacciones implican las combinaciones de cationes hidrógeno (H^+) y aniones hidroxilo (OH^-) para formar agua (H_2O).
  - ◦ Reacciones de precipitación y/o de formación de complejos: comprenden la combinación de iones, a excepción del H^+ y el OH^-, para formar un precipitado o un complejo.

- Reacciones de oxidación-reducción que involucran cambios en los estados de oxidación, esto es, se produce una transferencia de electrones entre las sustancias reaccionantes. Se emplean disoluciones valorantes de sustancias oxidantes o reductoras. Ejemplos: valoraciones con disoluciones acuosas de permanganato de potasio ($KMnO_4$) (permanganometría), cromato de potasio ($K_2Cr_2O_7$) (dicromatometría), sulfato de cerio(IV) ($Ce(SO_4)_2$) (ceriometría) o cloruro de titanio(III) ($TiCl_3$) (titanometría), entre otras.

2.2.1. Valoraciones volumétricas ácido-base

La teoría de Brönsted establece que un ácido es una sustancia capaz de disociarse en mayor o menor proporción, liberando protones H^+ y transformándose en su base conjugada:

$$\text{Ácido} \rightleftarrows \text{Base} + n\ H^+$$
$$\text{EJEMPLO: } CH_3COOH\ (aq) \rightleftarrows CH_3COO^-\ (aq) + H^+\ (aq))$$

Según esta teoría, una base será una sustancia capaz de disociarse originando iones hidroxilo (OH^-) y transformándose total o parcialmente en su ácido conjugado o capaz de aceptar un protón para transformarse en su ácido conjugado:

$$\text{Base} \rightleftarrows \text{Ácido} + n\ OH^-$$
$$\text{Base} + n\ H^+ \rightleftarrows \text{Ácido}$$

EJEMPLO: $NH_3\ (aq) + H^+\ (aq) \rightleftarrows NH_4^+\ (aq)$

Cuando se combinan estos dos procesos, el resultado es una reacción ácido-base o de neutralización. En este caso, la reacción que se produce es:

$$\text{Ácido} \quad + \quad \text{Base} \quad \rightarrow \quad \text{Sal} \quad + \quad \text{Agua}$$
$$HNO_3\ (aq) \quad + \quad NaOH\ (aq) \quad \rightarrow \quad NaNO_3\ (aq) \quad + \quad H_2O\ (l)$$

En las valoraciones volumétricas ácido-base, una disolución que contiene una concentración conocida de una base se adiciona lentamente a un ácido (o el ácido se adiciona lentamente a la base). Así, a medida que se adiciona la disolución valorante, el pH de la disolución contenida en el matraz de Erlenmeyer va aumentando o disminuyendo (dependiendo de si la disolución valorante es básica o ácida), hasta que se alcanza el punto de equivalencia, esto es, el punto en el que han reaccionado cantidades estequiométricamente equivalentes del ácido y de la base.

Tal y como se ha mencionado anteriormente, el punto de equivalencia química se puede detectar por diversos medios: empleando un indicador químico (se hará así durante esta práctica) o mediante un método instrumental (p. ej., el seguimiento con un pH-metro).

2.2.2. Indicadores ácido-base

Los indicadores ácido-base son sustancias orgánicas, tanto naturales como sintéticas, que cambian de color según el pH de la disolución en que están disueltos. El rango de pH a la que cambia la coloración del compuesto se le denomina zona de viraje. El cambio de color se produce ya que estos compuestos se comportan como ácidos débiles. Así, la reacción típica de un indicador (ácido débil (IndH) y su base conjugada (Ind$^-$)) es:

$$IndH \quad + \quad H_2O \quad \rightleftarrows \quad Ind^- \quad + \quad H^+$$
$$\text{Color 1} \qquad\qquad\qquad\qquad \text{Color 2}\ (\neq 1)$$

- Si es mayoritaria la forma ácida del indicador $\rightarrow \frac{[IndH]}{[Ind^-]} \geq 10 \rightarrow$ Color 1
- Si es mayoritaria la forma básica del indicador $\rightarrow \frac{[IndH]}{[Ind^-]} \leq 0.1 \rightarrow$ Color 2

Por lo tanto, el indicador válido para una valoración volumétrica de neutralización es aquel cuya zona de viraje abarque un intervalo de pH donde la pendiente de la curva de valoración es máxima. Este intervalo de pH abarca el valor de pH correspondiente al punto de equivalencia (momento en que se ha adicionado la cantidad de moles de ácido (o base) necesaria para que reaccionen totalmente con la base (o con el ácido)). Por lo tanto:

- ° **Si se valora un ácido fuerte con una base fuerte o viceversa**, el pH del punto de equivalencia es neutro (pH = 7). En este caso, se usan indicadores ácido-base cuyas zonas de virajes están situadas aprox. entre $4 \leq pH \leq 10$, intervalo de pH donde la pendiente de la curva de valoración es máxima.

- ° **Si se valora un ácido débil con una base fuerte**, el pH del punto de equivalencia es básico (pH > 7). Por tanto, el indicador ácido-base que se emplee debe tener su zona de viraje en medio básico (zona de viraje aprox. entre $7 \leq pH \leq 10$), para que el punto final coincida sin mucho error con el punto de equivalencia.

- ° **Si se valora una base débil con un ácido fuerte**, el pH del punto de equivalencia es ácido (pH < 7). Por tanto, el indicador que se emplee debe tener su zona de viraje en medio ácido (zona de viraje aprox. entre $4 \leq pH \leq 7$), para que el punto final coincida sin mucho error con el punto de equivalencia.

Tabla 1. Algunos indicadores ácido-base comunes y sus correspondientes cambios de color.

Indicador ácido-base	Color cuando predomina IndH	Color cuando predomina Ind⁻	Intervalo de pH de cambio de color
Azul de timol	Rojo	Amarillo	1.2-2.8
Naranja de metilo	Rojo	Amarillo-naranja	3.0-4.6
Azul de bromofenol	Azul	Rojo	3.0-5.0
Rojo congo	Azul	Rojo	3.0-5.0
Verde de bromocresol	Amarillo	Azul	3.8-5.4
Rojo de metilo	Rojo	Amarillo	4.2-6.3
Rojo de clorofenol	Amarillo	Rojo	4.8-6.4
Azul de bromotimol	Amarillo	Azul	6.0-7.6
Tornasol	Rojo	Azul	6.0-8.0
Azul de timol	Amarillo	Azul	8.0-9.6
Fenolftaleína	Incoloro	Rosa	8.2-9.8
Timolftaleína	Incoloro	Azul	9.3-10.5
Amarillo de alizarina	Amarillo	Violeta	10.0-12.1

En la **Figura 1** se puede observar cómo se produce la variación de color de los indicadores reflejados en la **Tabla 1**. El color de un indicador cambia dentro de un intervalo aproximado de dos unidades de pH.

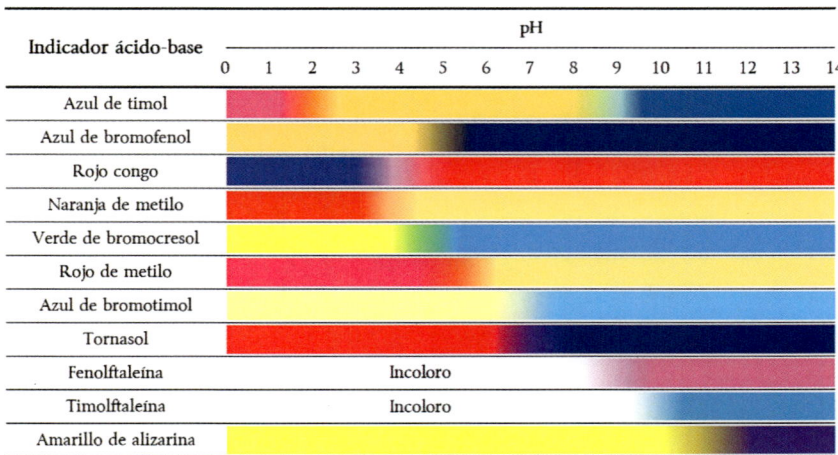

Figura 1. Algunos indicadores ácido-base comunes y sus correspondientes cambios de color.

A continuación, se muestra como ejemplo la evolución del azul de bromo-timol cuando se emplea como indicador ácido-base (rango de viraje 6.0-7.6, pasando del amarillo al azul) en la valoración de una muestra de un ácido fuerte (una disolución problema de 30.0 mL de ácido clorhídrico (HCl) 1.0 M) con una base fuerte (una disolución valorante de hidróxido de sodio (NaOH) 1.0 M) que se agrega lentamente desde una bureta.

Antes de continuar, hay que recordar que, en una valoración volumétrica, la concentración de la disolución problema es desconocida. En este ejemplo, se emplea una disolución problema de concentración conocida para observar la evolución del pH (teórico y experimental) a medida que se adiciona la disolución valorante. Para ello, además de emplear el indicador ácido-base, también se mide el pH de la disolución valorada con un pH-metro y se representa en función del volumen de NaOH agregado.

En la **Tabla 2** se muestran tanto el pH teórico como el pH experimental registrado a medida que se añade la disolución de NaOH 1.0 M a la muestra de 30.0 mL de HCl 1.0 M. Se puede observar en los resultados obtenidos que los valores registrados (especialmente en el intervalo ácido (pH < 7)) no coinciden exactamente con los valores teóricos. Esto puede deberse probablemente a un error sistemático del pH-metro ya que la desviación de las medidas siempre se produce en el mismo sentido.

Tabla 2. Ejemplo de valoración de un ácido fuerte con una base fuerte.

$V_{HCl\ 1.0\ M}$ (mL)	$V_{NaOH\ 1.0\ M}$ (mL)	n_{HCl} (mol)	n_{NaOH} (mol)	$pH_{teórico}$	$pH_{experimental}$
30.0	0.0	$3.00 \cdot 10^{-2}$	0	0.00	-0.85
30.0	5.0	$3.00 \cdot 10^{-2}$	$5.00 \cdot 10^{-3}$	0.15	-0.78
30.0	10.0	$3.00 \cdot 10^{-2}$	$1.00 \cdot 10^{-2}$	0.30	-0.71
30.0	15.0	$3.00 \cdot 10^{-2}$	$1.50 \cdot 10^{-2}$	0.48	-0.61
30.0	20.0	$3.00 \cdot 10^{-2}$	$2.00 \cdot 10^{-2}$	0.70	-0.45
30.0	25.0	$3.00 \cdot 10^{-2}$	$2.50 \cdot 10^{-2}$	1.04	-0.15
30.0	27.0	$3.00 \cdot 10^{-2}$	$2.70 \cdot 10^{-2}$	1.28	0.14
30.0	29.0	$3.00 \cdot 10^{-2}$	$2.90 \cdot 10^{-2}$	1.77	0.92
30.0	29.5	$3.00 \cdot 10^{-2}$	$2.95 \cdot 10^{-2}$	2.08	1.47
30.0	29.8	$3.00 \cdot 10^{-2}$	$2.98 \cdot 10^{-2}$	2.48	2.22
30.0	30.0	$3.00 \cdot 10^{-2}$	$3.00 \cdot 10^{-2}$	7.00	9.30
30.0	30.2	$3.00 \cdot 10^{-2}$	$3.02 \cdot 10^{-2}$	11.52	10.72
30.0	30.5	$3.00 \cdot 10^{-2}$	$3.05 \cdot 10^{-2}$	11.92	11.67
30.0	32.0	$3.00 \cdot 10^{-2}$	$3.20 \cdot 10^{-2}$	12.51	12.38
30.0	34.0	$3.00 \cdot 10^{-2}$	$3.40 \cdot 10^{-2}$	12.80	12.64
30.0	38.0	$3.00 \cdot 10^{-2}$	$3.80 \cdot 10^{-2}$	13.07	12.87
30.0	40.0	$3.00 \cdot 10^{-2}$	$4.00 \cdot 10^{-2}$	13.15	12.95
30.0	45.0	$3.00 \cdot 10^{-2}$	$4.50 \cdot 10^{-2}$	13.30	13.07

Se observa en la **Tabla 2** como el punto de equivalencia se alcanza teóricamente cuando se vierten 30.0 mL de NaOH 1.0 M. El pH aumenta de forma gradual en las regiones anterior y posterior al punto de equivalencia, pero lo hace con gran rapidez en la región cercana al punto de equivalencia, de modo que la pendiente de la curva de valoración es máxima (**Figura 2**). En el ejemplo, la adición 0.4 mL (de 29.8 mL a 30.2 mL) de la disolución de NaOH 1.0 M supone un incremento del pH de aprox. 9 unidades.

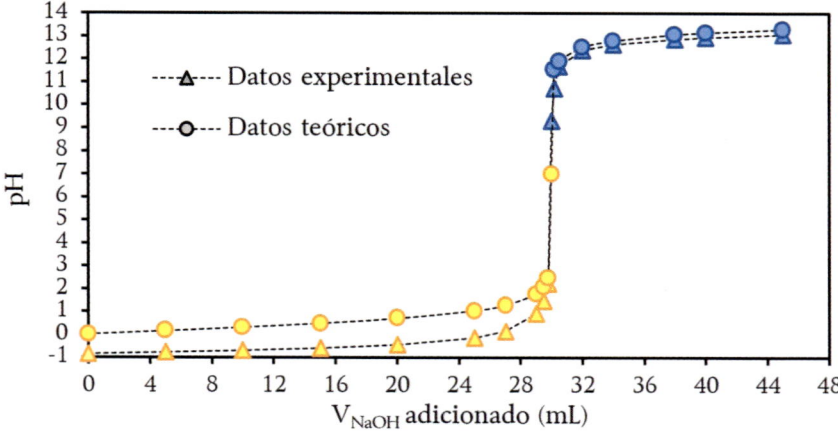

Figura 2. Evolución del pH durante la valoración de una muestra de 30.0 mL de HCl 1.0 M (ácido fuerte) con NaOH 1.0 M (base fuerte).

En este caso, el azul de bromotimol es un indicador válido ya que cambia de color en un rango de pH (6.0-7.6) donde la pendiente de la curva de valoración es máxima (**Figura 2**, intervalo de pH entre 3 y 10). Como se observa en la **Figura 3**, la disolución es amarilla cuando se han vertido 29.8 mL de NaOH 1.0 M, pero se vuelve azul cuando se vierten 30.0 mL de NaOH 1.0 M.

Figura 3. Evolución del color de la disolución de HCl 1.0 M a medida que se adiciona NaOH 1.0 M debido a la utilización de azul de bromotimol como indicador ácido-base. Se da por finalizada la valoración cuando la disolución vira de color, en este caso, de amarillo a azul.

2.2.3. Diferencia entre punto de equivalencia y punto final

El punto de equivalencia es el punto teórico donde el volumen de reactivo añadido (30.0 mL de NaOH 1.0 M) contiene los moles del compuesto básico necesarios para reaccionar completamente con los moles del compuesto ácido que contiene la muestra problema que se valora (30.0 mL de HCl 1.0 M). Durante la valoración volumétrica, este punto teórico se ha aproximado mediante un cambio de color en la disolución valorada (paso de amarillo a azul debido a la presencia del indicador ácido-base azul de bromotimol). Se denomina punto final al punto en el que se produce el cambio físico perceptible.

La diferencia entre ambos puntos (el punto de equivalencia y el punto final) constituye el error de valoración, que debe ser lo más reducido posible. En este caso, teóricamente, el error de valoración es de aprox. 0.1 mL ya que es necesario verter 30.1 mL para obtener un pH teórico superior a 7.6 (**Tabla 2**) y observar el viraje de color del indicador. Experimentalmente, cuando se vierten 30.0 mL de NaOH 1.0 M, el pH es de 9.30, de modo que sucede el cambio de color y se puede dar por finalizada la valoración volumétrica sin añadir el exceso de disolución valorante teórica (0.1 mL) mencionada.

Llama la atención el valor del pH experimental cuando se vierten 30.0 mL de NaOH 1.0 M ($pH_{experimental}$ de 9.30), en comparación con el del pH teórico ($pH_{teórico}$ de 7.00). ¿A qué se debe esta gran diferencia? Tal y como se ha mencionado con anterioridad, el pH aumenta considerablemente en la región cercana al punto de equivalencia a medida que se vierte la disolución valorante. En este caso, una simple gota de NaOH 1.0 M puede causar que el pH ascienda desde 7.00 a 9.30 sin que su consumo se aprecie visualmente en el nivel de la bureta. De hecho, si se realizan los cálculos necesarios, se comprueba que, para alcanzar el mencionado pH de 9.30, es necesario verter 30.0012 mL de NaOH 1.0 M. Para hacerse una idea de la magnitud del error cometido ($1.2 \cdot 10^{-3}$ mL), hay que recordar que para observar un descenso de 1 mL en una bureta de 50 mL es necesario verter aproximadamente 20 gotas (0.05 mL por gota).

Al igual que se ha hecho con el azul de bromotimol, en la **Tabla 3** se determina la validez y el error de valoración de los indicadores ácido-base recogidos en la **Tabla 2** para el ejemplo estudiado (valoración de una muestra de 30.0 mL de HCl 1.0 M con NaOH 1.0 M). Tal y como se ha mencionado anteriormente, si el viraje de color del indicador ácido-base abarca el rango de pH donde la pendiente de la curva de valoración es máxima, se considera un indicador válido.

Tabla 3. Listado de indicadores ácido-base y su validez para ser utilizados en la valoración de una muestra de 30.0 mL de HCl 1.0 M (ácido fuerte) con NaOH 1.0 M (base fuerte).

Indicador ácido-base	Intervalo de pH cambio de color	Validez	Error de valoración (mL)
Azul de timol	1.2-2.8	–	0.1
Naranja de metilo	3.0-4.6	Sí	0
Azul de bromofenol	3.0-5.0	Sí	0
Rojo congo	3.0-5.0	Sí	0
Verde de bromocresol	3.8-5.4	Sí	0
Rojo de metilo	4.2-6.3	Sí	0
Rojo de clorofenol	4.8-6.4	Sí	0
Azul de bromotimol	6.0-7.6	Sí	0.1
Tornasol	6.0-8.0	Sí	0.1
Azul de timol	8.0-9.6	Sí	0.1
Fenolftaleína	8.2-9.8	Sí	0.1
Timolftaleína	9.3-10.5	–	0.1
Amarillo de alizarina	10.0-12.1	NO	1.0

Atendiendo a la **Tabla 3**, todos aquellos indicadores cuyo viraje se produce en el rango de pH entre 3 y 10 (rango de pH donde la pendiente de la curva de valoración es máxima en este ejemplo) son válidos para llevar a cabo la valoración volumétrica de neutralización. Pese a ser todos ellos válidos, 4 de ellos requieren un exceso de disolución valorante de 0.1 mL para poder observar el cambio de color y alcanzar el punto final de valoración, cometiendo un error de valoración de 0.1 mL. En todo caso, este error es únicamente del 0.3 %, confirmando la validez de estas sustancias como indicadores ácido-base.

En el caso del azul de timol (en su segundo rango de viraje) y la timolftaleína su rango de viraje no incluye el intervalo de pH en la que la pendiente de la curva de valoración es máxima (pH entre 3 y 10). No obstante, su empleo solo supondría cometer un error de valoración de 0.1 mL. Finalmente, el amarillo de alizarina no es un indicador válido (viraje de color entre 10.0 y 12.1) y su empleo implica verter 1.0 mL adicional de disolución valorante para poder observar el cambio de color (error del ~3 %).

2.2.4. Cálculo del pH teórico

A continuación, a modo de ejemplo, se muestra la metodología para calcular el pH teórico tras adicionar 32.0 mL de NaOH 1.0 M a los 30.0 mL de HCl 1.0 M (**Tabla 2**).

- **Paso 1**: Se calcula el reactivo limitante.

Volumen total: 62.0 mL (30.0 mL HCl 1.0 M + 32.0 mL NaOH 1.0 M)

$$n \ (HCl) = 30.0 \ mL \cdot \frac{1 \ mol}{1000 \ mL} = 0.03 \ mol \ HCl$$

$$[HCl] = \frac{0.03 \ mol \ HCl}{0.062 \ L_{disolución}} = 0.484 \ M$$

$$n \ (NaOH) = 32.0 \ mL \cdot \frac{1 \ mol}{1000 \ mL} = 0.032 \ mol \ NaOH$$

$$[NaOH] = \frac{0.032 \ mol \ NaOH}{0.062 \ L_{disolución}} = 0.516 \ M$$

Reacción	HCl (*aq*) +	NaOH (*aq*) →	NaCl (*aq*) +	H$_2$O (*l*)
Inicial (M)	0.484	0.516	0	No hace falta
Reaccionan (M)	-0.484	-0.484	+0.484	-
Equilibrio (M)	0	0.032	0.484	-

Por lo tanto, el HCl es el reactivo limitante.

- **Paso 2**: Se determina si la sal formada (compuesto iónico) da lugar a una disolución neutra, ácida o básica.

$$NaCl \ (aq) \xrightarrow{+H_2O} Na^+ \ (aq) + Cl^- \ (aq)$$

  ° Cl$^-$ (*aq*) es la base conjugada muy débil del ácido fuerte HCl. No tiene tendencia a captar iones H$^+$ y producir iones OH$^-$.

° Na^+ (*aq*) es el catión de la base fuerte NaOH.

No tiene tendencia a producir iones H_3O^+.

El NaCl no modifica el pH de la disolución.

- **Paso 3**: Se determina el pH de la disolución a partir del reactivo en exceso.

Reacción	NaOH (*aq*)	+	H_2O (*l*)	→	Na^+ (*aq*)	+	OH^- (*aq*)
Inicial (M)	0.032				0		~0 ($1 \cdot 10^{-7}$)
Reaccionan (M)	-0.032				+0.032		+0.032
Equilibrio (M)	0				0.032		0.032

$$pH + pOH = 14 \text{ (a 25 °C)} \rightarrow pH = 14 - pOH = 14 - (-\log[0.032]) = 12.51$$

2.2.5. Determinación de la concentración de una disolución mediante valoración volumétrica

Como ya se ha mencionado, el objetivo de una valoración volumétrica de neutralización es determinar la concentración de una disolución problema. A continuación, se describe la metodología para empleada para este cálculo. El ejemplo estudiado es el siguiente: determinar la concentración de una disolución de 20 mL de ácido nítrico (HNO_3) si se emplean 15.5 mL de hidróxido de sodio (NaOH) 0.1 M para su valoración.

- **Paso 1**: Escribir la ecuación de la reacción química que tiene lugar.

$$HNO_3 \text{ (}aq\text{)} + NaOH \text{ (}aq\text{)} \rightarrow NaNO_3 \text{ (}aq\text{)} + H_2O \text{ (}l\text{)}$$

- **Paso 2**: Se utiliza el dato del volumen y la molaridad de la disolución valorante (d_v = NaOH 0.1 M) para calcular el número de moles de este compuesto.

$$n \text{ (NaOH)} = 15.5 \text{ mL } d_v \cdot \frac{1 \text{ L } d_v}{1000 \text{ mL } d_v} \cdot \frac{0.1 \text{ mol NaOH}}{1 \text{ L } d_v} = 1.55 \cdot 10^{-3} \text{ mol}$$

- **Paso 3**: Se utiliza la cantidad de moles de NaOH y la estequiometría de la ecuación balanceada de la reacción para calcular el número de moles de HNO_3.

$$n\,(HNO_3) = 1.55 \cdot 10^{-3}\ mol\ NaOH \cdot \frac{1\ mol\ HNO_3}{1\ mol\ NaOH} = 1.55 \cdot 10^{-3}\ mol$$

- **Paso 4**: Se emplea la cantidad de moles de HNO_3 y el volumen de esta disolución para calcular la molaridad de la disolución de HNO_3.

$$Molaridad\ HNO_3 = \frac{1.55 \cdot 10^{-3}\ mol\ HNO_3}{20\ mL\ disolución\ problema} \cdot \frac{1000\ mL\ d_p}{1\ L\ d_p} =$$
$$7.75 \cdot 10^{-2}\ \frac{mol\ HNO_3}{L}$$

2.3. Medicamentos antiácidos para el estómago

Con el objetivo de ayudar a digerir los alimentos, el estómago secreta jugos gástricos compuestos por ácido clorhídrico (HCl), lipasa y pepsina, de modo que su pH se encuentra entre 1.5 y 2.0, que corresponde a una concentración de HCl en el rango de 0.01-0.03 M. Normalmente, una capa de mucosa protege al estómago y al tracto digestivo de los efectos corrosivos del dicho ácido estomacal.

Cuando aparecen "agujeros" (úlceras) en esta capa, el ácido estomacal ataca al tejido subyacente, lo que ocasiona daños dolorosos, inflamación y sangrado. Una solución para tratar el problema del exceso de ácido es recurrir a la toma de antiácidos. Los antiácidos son sustancias básicas que neutralizan temporalmente los ácidos digestivos; pueden hacerlo porque contienen iones hidroxilo (OH^-), carbonato (CO_3^{2-}) o bicarbonato (HCO_3^-), entre otros. En la **Tabla 4** se muestran las sustancias activas de algunos antiácidos comerciales típicos.

Tabla 4. Lista de antiácidos comerciales y sus respectivas sustancias activas.

Nombre comercial	Agentes neutralizadores de ácido
Torres Muñoz	Bicarbonato de sosa (NaHCO$_3$)
Alka-Seltzer	Bicarbonato de sosa (NaHCO$_3$)
Rennie	Carbonato de calcio (CaCO$_3$) y magnesio (MgCO$_3$)
Gaviscón	Alginato de sodio (C$_6$H$_7$O$_6$Na)
Maalox	Hidróxido de aluminio (Al(OH)$_3$) y magnesio (Mg(OH)$_3$)
Tums	Carbonato de calcio (CaCO$_3$)

En esta práctica, se realiza la valoración volumétrica de neutralización de una disolución de ácido clorhídrico (HCl) parcialmente neutralizada tras la adición de una pastilla antiácido comercial de marca desconocida con una disolución estandarizada de hidróxido de sodio (NaOH) 0.1 M. A partir del resultado obtenido y conociendo la composición de los diferentes antiácidos disponibles, se debe identificar el antiácido comercial empleado.

3. Descripción del material y reactivos

- 1 Vaso de precipitados (100 mL)
- 1 Vaso de precipitados (250 mL)
- 1 Matraz aforado (25 mL)
- 1 Matraz aforado (100 mL)
- 2 Pipetas de Pasteur
- 1 Matraz de Erlenmeyer (100 mL)
- 2 Matraces de Erlenmeyer (250 mL)
- Papel de filtro

- 1 Soporte
- 1 Aro metálico (o pinza tres dedos)
- 1 Nuez doble
- 1 Embudo
- 1 Bureta
- 1 Baño termostático
- 1 Frasco lavador

▶ Disolución de ácido clorhídrico (HCl (*aq*)) 0.1 M
▶ Disolución estándar de hidróxido de sodio (NaOH (*aq*)) 0.1 M
▶ 1 Pastilla antiácido comercial A, B o C (el alumnado desconoce la pastilla empleada durante la práctica)
▶ 1 Indicador ácido-base X, Y o Z (el alumnado desconoce el indicador asignado)

OBLIGATORIO

La bata bien abrochada y las gafas de seguridad
puestas en todo momento.

3.1. Preparación de las muestras de antiácido

En esta práctica, se plantea el reto de determinar la capacidad neutralizante de un antiácido comercial de marca desconocida. Esta información se utiliza posteriormente para conocer la identidad del antiácido comercial empleado. Se propone trabajar con 3 antiácidos comerciales como son Torres Muñoz, Rennie y Gaviscón. Para la realización de la práctica, se recomienda preparar las siguientes muestras problema:

- Pastilla A: 1 pastilla pulverizada de Torres Muñoz que teóricamente contiene 500 mg de $NaHCO_3$.
- Pastilla B: ½ pastilla pulverizada de Rennie que teóricamente contiene 340 mg de $CaCO_3$ y 40 mg de $MgCO_3$.
- Pastilla C: 1 pastilla pulverizada de Gaviscón que teóricamente contiene 250 mg $C_6H_9NaO_7$, 133.5 mg de $NaHCO_3$ y 80 mg de $CaCO_3$.

Por otro lado, el alumnado también desconoce el indicador ácido-base empleado entre los 3 indicadores disponibles:

- Rojo de metilo (rojo (4.4) - amarillo (6.2))
- Azul de bromotimol (amarillo (6.0) - azul (7.6))
- Rojo cresol (rojo (0.2) - amarillo (1.8) (1º viraje) y amarillo (7.0) - rosa/púrpura (8.8) (2º viraje))

4. Descripción del procedimiento experimental

- Introducir cuidadosamente la pastilla antiácido de marca desconocida en un matraz de Erlenmeyer de 250 mL.
- Tomar 100 mL de ácido clorhídrico (HCl) 0.1 M con la ayuda del vaso de precipitados de 250 mL y del matraz aforado de 100 mL (enrasando con una pipeta de Pasteur) y verterlos muy despacio al matraz de Erlenmeyer.
- Agitar suavemente el matraz de Erlenmeyer con movimientos circulares hasta disolver la muestra de antiácido. El medicamento neutraliza

parcialmente la acidez (concentración de H$^+$) de la disolución de HCl 0.1 M.

- Calentar la disolución en el baño termostático a 60-80 °C durante 5 min para liberar todo el dióxido de carbono (CO_2) presente en la muestra.
- Filtrar la disolución problema por gravedad para retirar las partículas sólidas insolubles presentes en la disolución. Recoger el filtrado en un matraz de Erlenmeyer de 250 mL.
- Tomar 25 mL de la disolución problema con ayuda del vaso de precipitados de 100 mL y del matraz aforado de 25 mL, enrasando con una pipeta de Pasteur, y verterlos al matraz de Erlenmeyer de 100 mL.
- Añadir 3-4 gotas de un indicador ácido-base (X, Y o Z) y valorar con la disolución estándar de sodio hidróxido (NaOH) 0.1 M hasta producirse el viraje de color correspondiente al indicador empleado.
- Realizar la valoración por triplicado.

4.1. Gestión de residuos

Los residuos generados durante la realización de la práctica para determinar la capacidad neutralizante de diversos antiácidos comerciales deben gestionarse como:

- ° Disoluciones inorgánicas alcalinas: disolución valorada (pH > 9). Comprobar su carácter alcalino con la ayuda del papel indicador.
- ° Absorbentes, material de filtración: papeles de filtro.

5. Adquisición de resultados

Cada persona debe describir en su cuaderno de laboratorio (o soporte similar) los ensayos realizados y recoger todos los resultados de los experimentos desarrollados. Adicionalmente, para la correcta realización de esta práctica, cada persona debe:

- Emplear los datos del volumen y de la concentración de la disolución estándar de NaOH utilizada para calcular la cantidad de moles de HCl remanentes en la muestra problema y determinar el poder neutralizante de la pastilla antiácido.

- Identificar la pastilla antiácido comercial analizada entre las 3 disponibles (Torres Muñoz, Rennie y Gaviscón).
- Observar el viraje de color que tiene lugar durante la valoración volumétrica de neutralización e identificar el indicador ácido-básico empleado.

CUESTIONARIO

1. Calcular el pH de la disolución de ácido clorhídrico (HCl) 0.1 M antes de disolver la pastilla antiácido.

2. Para determinar el poder neutralizante del fármaco, se valora el excedente de HCl con NaOH (valoración de un ácido fuerte con una base fuerte). Explicar razonadamente el carácter de la disolución valorada (ácida, básica o neutra) cuando se alcanza el punto de equivalencia.

3. En el laboratorio hay disponibles 3 indicadores ácido-base para realizar la valoración volumétrica: rojo de metilo, azul de bromotimol y rojo cresol. Nombrar el indicador ácido-base utilizado para realizar la práctica y explicar razonadamente su validez.

4. Tras la realización de la valoración volumétrica de neutralización...

   4.1. Indicar el volumen promedio de disolución valorante (NaOH 0.1 M) empleado.

   4.2. Calcular la cantidad de NaOH (expresada en moles) que ha sido necesaria para neutralizar la muestra de 25 mL de la disolución de HCl tratada con la pastilla antiácido.

4.3. Calcular la cantidad de HCl (expresada en moles) remanente en la disolución de 100 mL de HCl tras reaccionar con la pastilla antiácido.

    4.3.1. Determinar la concentración de la disolución de HCl tras tratarse con el fármaco.

4.4. Calcular la cantidad de HCl (expresada en moles) neutralizada en la disolución de 100 mL de HCl tras reaccionar con la pastilla antiácido.

5. El consumo de HCl en la disolución inicial (100 mL HCl 0.1 M) se debe exclusivamente a las sustancias de carácter básico que componen la pastilla antiácido. En el laboratorio hay tres tipos de antiácidos comerciales: Gaviscón, Rennie y Torres Muñoz. A continuación, se muestra la composición simplificada por pastilla de los 3 medicamentos.

Gaviscón: 250 mg $C_6H_9NaO_7$, 133.5 mg de $NaHCO_3$ y 80 mg de $CaCO_3$.

Rennie: 340 mg de $CaCO_3$ y 40 mg de $MgCO_3$.

Torres Muñoz: 500 mg de $NaHCO_3$.

Sabiendo la composición de cada medicamento, puede calcularse teóricamente qué concentración de HCl se consume cuando se vierte 1 pastilla en el matraz de Erlenmeyer que contiene la disolución de HCl 0.1 M. A continuación, a modo de ejemplo, se desarrolla brevemente el procedimiento de cálculo para el caso del antiácido Torres Muñoz.

- **Caso Torres Muñoz**

  El principio activo del antiácido "Torres-Muñoz" es el bicarbonato de sodio ($NaHCO_3$), un compuesto que reacciona con el HCl de la siguiente manera:

$$NaHCO_3 \ (aq) + HCl \ (aq) \rightarrow NaCl \ (aq) + H_2O \ (l) + CO_2 \ (aq)$$

En primer lugar, se calcula la cantidad de $NaHCO_3$ adicionada (expresada en moles):

$$n \ (NaHCO_3) = 500 \ mg \ NaHCO_3 \cdot \frac{1 \ g}{1000 \ mg} \cdot \frac{1 \ mol \ NaHCO_3}{84.01 \ g \ NaHCO_3} = 0.00595 \ mol \ NaHCO_3$$

Por lo tanto, si se aportan 0.00595 mol $NaHCO_3$, estequiométricamente se consumen 0.00595 mol HCl.

$$n \ (HCl)_{reaccionado} = 0.00595 \ mol \ NaHCO_3 \cdot \frac{1 \ mol \ HCl}{1 \ mol \ NaHCO_3} = 0.00595 \ mol \ HCl$$

Inicialmente, en la disolución de 100 mL HCl 0.1 M hay 0.01 mol de HCl. Si se consumen 0.00595 mol de HCl, el vaso de precipitados todavía contiene 0.00405 mol de HCl y, por lo tanto, la concentración de HCl tras verter la pastilla será de 0.0405 M (suponiendo que el volumen de la disolución permanece constante tras la adición del fármaco).

$$M \ (HCl)_{remanente} = \frac{0.00405 \ mol \ HCl}{0.1 \ L \ disolución} = 0.0405 \ M \ HCl$$

Determinar la concentración teórica de HCl remanente en la disolución tras reaccionar con las pastillas de antiácido "Gaviscón" y "Rennie", respectivamente.

Datos

° **Gaviscón**

$C_6H_9NaO_7$ (aq) + HCl (aq) → NaCl (aq) + H_2O (l) + $C_6H_8O_6$ (↓)
$NaHCO_3$ (aq) + HCl (aq) → NaCl (aq) + H_2O (l) + CO_2 (aq)
$CaCO_3$ (aq) + 2 HCl (aq) → $CaCl_2$ (aq) + H_2O (l) + CO_2 (aq)

° **Rennie**

$CaCO_3$ (aq) + 2 HCl (aq) → $CaCl_2$ (aq) + H_2O (l) + CO_2 (aq)
$MgCO_3$ (aq) + 2 HCl (aq) → $MgCl_2$ (aq) + H_2O (l) + CO_2 (aq)

° **Torres Muñoz**

$NaHCO_3$ (aq) + HCl (aq) → NaCl (aq) + H_2O (l) + CO_2 (aq)

En el caso del fármaco Gaviscon, tras la reacción de la disolución de HCl con la pastilla de antiácido, el $C_6H_8O_6$ producido precipita y se retira durante la filtración.

Además, en los casos de Gaviscón y Rennie, se puede considerar que los consumos de HCl son aditivos.

6. Comparar el resultado experimental con los valores teóricos calculados en el anterior apartado e indicar razonadamente qué pastilla antiácido comercial se ha utilizado para realizar la práctica.

TEST DE EVALUACIÓN

1. **Durante la agitación hasta disolver la muestra de antiácido en la disolución de ácido clorhídrico (HCl) 0.1 M, una persona no lleva las gafas de seguridad puestas y le ha salpicado a los ojos. ¿Qué debe hacer? (NOTA: debería llevar SIEMPRE las gafas de seguridad puestas)**

   A. Lavarse los ojos con el neutralizador para disoluciones ácidas.
   B. Ir corriendo al baño a aclararse los ojos.
   C. Llamar al 112.
   D. Lavarse los ojos en el lavaojos durante 15 min.

2. **Tras la reacción entre la disolución de HCl 0.1 M y la pastilla antiácido la disolución tiene un pH...**

   A. Básico.
   B. Neutro, ya que se trata de una reacción entre un ácido y una base fuertes.
   C. Neutro, ya que se alcanza el punto de equivalencia.
   D. Ácido.

3. **La disolución valorada generada en el ensayo en el que se determina el poder neutralizante de diversas sustancias antiácido es de color _____, y debe gestionarse como residuo _____ .**

   A. amarillo, azul o rosa/púrpura, dependiendo del indicador utilizado; no peligroso y verterse por la fregadera
   B. rojo o amarillo, dependiendo del indicador utilizado; peligroso y verterse a la garrafa de *disoluciones inorgánicas ácidas*
   C. amarillo, azul o rosa/púrpura, dependiendo del indicador utilizado; peligroso y verterse a la garrafa de *disoluciones inorgánicas alcalinas*
   D. rojo o amarillo, dependiendo del indicador utilizado; no peligroso, ya que tiene pH neutro

4. **Selecciona la respuesta correcta.**

   A. Durante la valoración volumétrica, se utiliza rojo de metilo/azul de bromotimol/rojo cresol como indicador químico. En los 3 casos, su zona de viraje abarca aprox. el intervalo de pH donde la pendiente de la curva de valoración es máxima.

   B. En caso de que parte de las partículas sólidas insolubles de la pastilla de antiácido queden retenidas en el matraz de Erlenmeyer durante la filtración por gravedad, debe utilizarse una cantidad adicional de agua para arrastrarlas al embudo y poder así recuperarlas.

   C. Los indicadores ácido-base son sustancias inorgánicas que se comportan como ácidos débiles, que cambian de color según el pH de la disolución en que están disueltos. El rango de pH a la que cambia la coloración del compuesto se le denomina punto de equivalencia.

   D. Los indicadores ácido-base son sustancias naturales que se comportan como ácidos o bases conjugadas, que cambian de color según el pH de la disolución en que están disueltos. El rango de pH a la que cambia la coloración del compuesto se le denomina zona de viraje.

5. **La disolución valorante...**

   A. Consiste en una disolución de hidróxido de sodio (NaOH) de concentración conocida.

   B. Consiste en una disolución de ácido clorhídrico (HCl) de concentración conocida.

   C. Consiste en una disolución de ácido clorhídrico (HCl) de concentración desconocida, pero volumen conocido.

   D. Determina la acidez (concentración de H^+) de la disolución inicial antes de verter la pastilla de antiácido.

RESPUESTAS

- 1. Operaciones comunes en el laboratorio de química
  1-D; 2-D; 3-C; 4-A; 5-A

- 2. Calorimetría
  1-D; 2-D; 3-C; 4-A; 5-A

- 3. Fabricación de biodiésel
  1-D; 2-D; 3-C; 4-A; 5-A; 6-D; 7-D; 8-C; 9-A; 10-A

- 4. Síntesis de biopolímeros
  1-D; 2-D; 3-C; 4-A; 5-A

- 5. Cinética química
  1-D; 2-D; 3-C; 4-A; 5-A; 6-D; 7-D; 8-C; 9-A; 10-A

- 6. Estequiometría y solubilidad
  1-D; 2-D; 3-C; 4-A; 5-A

- 7. Tipos de sólidos cristalinos
  1-D; 2-D; 3-C; 4-A; 5-A

- 8. Reacciones redox (1ª parte)
  1-D; 2-D; 3-C; 4-A; 5-A

- 9. Reacciones redox (2ª parte)
  1-D; 2-D; 3-C; 4-A; 5-A; 6-D; 7-D; 8-C; 9-A; 10-A

- 10. Valoración volumétrica de neutralización
  1-D; 2-D; 3-C; 4-A; 5-A

Sobre los autores

Junkal Gutierrez

Doctora en Ingeniería de Materiales Renovables por la Universidad del País Vasco (UPV/EHU) en 2012. Tras varios años trabajando como investigadora postdoctoral, desde 2016 es docente en la UPV/EHU en diferentes Grados de Ingeniería Industrial, principalmente en las áreas de conocimiento relacionadas con la Ingeniería Química y la Ciencia de los Materiales. Además, participa como docente en 2 Másteres y ha publicado 60 artículos científicos indexados en el JCR y 9 capítulos de libro.

Gorka Gallastegui

Doctor Internacional en Ingeniería Ambiental por la Universidad del País Vasco (UPV/EHU) en 2012. Desde 2015 es docente en diferentes Grados de Ingeniería Industrial, principalmente en las áreas de conocimiento relacionadas con la Ingeniería Química. Además, su labor investigadora en el área de la contaminación ambiental y los biocombustibles ha dado lugar a 30 artículos científicos indexados en el JCR y un capítulo de libro.